いま　子どもがあぶない

福島原発事故から子どもを守る「集団疎開裁判」

ふくしま集団疎開裁判の会　編

JN301082

はじめに――『ビジネス・インサイダー』(1)の衝撃――

定評のある米国のニュースサイト『ビジネス・インサイダー』に今年六月と七月、立て続けに、福島県の子どもたちの甲状腺検査結果に警鐘を鳴らす記事が掲載され、話題を呼びました(裏表紙の英文サイト)(2)。いち早く日本で反応したのは原発推進派グループでした。彼らから、記事を書いた記者宛てに「福島の汚染は大したことない」というメールが送りつけられました。一方、外圧に弱い日本政府も、本年八月二五日、突然、福島県外の子どもたちの甲状腺検査を行なうと発表しました。

しかし、今年一月二五日、1回目の甲状腺検査結果を発表した福島県の「県民健康管理調査」の検討委員会座長の山下俊一氏らは「甲状腺の腫瘍《しゆよう》はゆっくり進行するので、今後も慎重に診ていく必要があるが、しこりは良性と思われ、安心している」「原発事故に伴う悪性の変化はみられない」と述べました(読売新聞・共同通信)。この記事を読んだ市民は「安心し」、記憶から消え去っていきました。それがなぜ、いまごろになって突然、県外の甲状腺検査なのか、と不可解に思った方が多いと思います。

これを解く鍵は次の海外の専門家のコメントにあります。今年四月二六日、福島県から発表された2回目の甲状腺検査結果で、13市町村の3万8千人の子どもたちの36%に「のう胞(3)」と「結節(4)」が発見された問題に対して、昨年四月、NYタイムズに「安全な被ばく量というものはない」を寄稿した被ばく問題に詳しいオーストラリアのヘレン・カルディコット博士はこう述べました(『ビジネスインサイダー』にも同様のコメント)。

「この子どもたちは追跡調査をしてる場合じゃありません。のう胞や結節などのすべての異常は直ちに生体組織検査をして悪性であるかを調べるべきです。こういった甲状腺異常が1年も経たないうちに現れる

1 Business Insider (http://www.businessinsider.com/)
2 36 Percent Of Fukushima Children Have Abnormal Growths From Radiation Exposure (2012.6.16)
CONFIRMED: 36 Percent Of Fukushima Kids Have Abnormal Thyroid Growths And Doctors Are In The Dark (2012.7.19)
3 袋状のできもの。
4 小さなしこり。

というのは早過ぎます。普通は5~10年かかるものです。これは、子どもたちが大変高線量の被ばくをしたことを意味します。もしも悪性なら甲状腺の全摘出が必要です。子どもたちに甲状腺結節やのう胞があるのは、異常極まりありません！(5)」

アメリカ甲状腺学会次期会長、コロラド医学大学の内分泌科チーフのブライアン・ホーゲン博士は『ビジネス・インサイダー』の取材に、こう答えました。

「カルディコット博士の上記見解に同意します。福島原発事故後にこれほどすぐに、多くの子どもたちに甲状腺の嚢腫《のうしゆ》や結節が見られることに驚いています、なおかつこの事実が世間に広く知られていないことに驚いています。」

科学の目から見て、ふくしまの子どもたちの命はいま途方もなく危険な状態にあります。

二〇〇九年の最新データによれば、350の英語論文を元にしたIAEA（国際原子力機関）の従来の公表記録に対し、ベラルーシ語、ウクライナ語、ロシア語を中心とした5千の論文に基づいたアレクセイ・ヤブロコフらの報告(6)はチェルノブイリ事故により世界で98万人以上の人々が命を失ったと報告しています。このままでは、人口密度がチェルノブイリの15倍とされる福島県で（たとえ福島第一原発の東半分が海だとしても）今後どれほど膨大な数の被害者が発生するのか、想像を絶するものがあります。

では、どうすればよいのでしょうか。簡単です。いますぐ、子どもたちを避難させ放射能の被ばくから逃がすのです。なぜいますぐか。チェルノブイリで世界標準とされる住民避難基準が採用されたにもかかわらず、98万人もの犠牲者を出したのは、その住民避難基準が不十分だったからではなくて、その基準の採用が事故後五年も経過してからで、人々はその間ずっと被ばくし続けていたためで、避難するのが遅すぎたのです。だから、いますぐ避難する必要があるのです。かつて、「国を守る」心得として「備えあれば

5　木下黄太のブログ「福島第一原発を考えます」2012年5月2日
6　報告書『チェルノブイリ —— 大惨事が人びとと環境におよぼした影響』Chernobyl: Consequences of the Catastrophe for People and the Environment）　チェルノブイリ被害実態レポート翻訳プロジェクト http://chernobyl25.blogspot.jp/p/blog-page_10.html

憂いなし」を好んで口にした首相がいましたが、その格言は「命を守る」心得として、いまこそふくしまの子どもたちの命を守るための集団避難として、直ちに実行されるべきです。

「子どもの命を救う」ことは国の最低限の道徳的責務です。人権保障すらなかった、かつての軍国主義国家日本でも、また全体主義国家ソ連でも行なったことです。ましてや、憲法で国に「子どもたちを安全な環境で教育を受けさせる」義務を定め、世界の先進国・経済大国となった今日のわが国でそれができない理由がありません。のみならず、そもそも日本政府は福島第一原発事故の加害者です。加害者は被害者を救護する義務があります。しかも子どもたちは遊んで原発をこわしたのでしょうか。子どもたちは福島への原発誘致に賛成したのでしょうか。日本政府は加害者でありながら、福島第一原発事故に責任も関係もない100％被害者である子どもたちを救護しようとせず、このまま放置する行為は過去に例を見ない憲法違反の重大な人権侵害行為です。そして、この事実を知った国際社会から、国際法上の犯罪である「人道に対する罪(7)」にも該当する重大な違反行為であると非難されたとき、どうやって釈明するのでしょうか。

郡山市の14人の小中学生は、昨年六月、苦しみのなかで避難を求めているふくしまの子どもたちの声に耳を傾けようとしない文科省と自治体の人権侵害行為をただすため、「人権の最後の砦」である裁判所に避難の救済を訴え出ました（通称「ふくしま集団疎開裁判」）。裁判はいま二審の仙台高等裁判所に係属中で、今年八月三日、一〇月一日に裁判（審尋期日）を開くという仮処分事件としては異例の決定が出され、子どもたちの避難の申立を却下した一審判決が見直される可能性があるという重大な転換を迎えました。

これは疎開裁判始まって以来最大の転機です。そして、判決見直しの可能性が現実のものになるかどう

7　「国家もしくは集団によって一般の国民に対してなされた謀殺、絶滅を目的とした大量殺人、奴隷化、追放その他の非人道的行為」のことで、ジェノサイド、戦争犯罪とともに「国際法上の犯罪」の一つとされる。

かは、ひとえに「子どもを守れ」という多くの市民の声にかかっています。5年、10年後に子どもたちの深刻な健康被害が明らかになってから「子どもを守れ」と声をあげても遅すぎます。いまここで声をあげることが求められています。そして、一人ひとりの小さな声を「つなげて」大きな声にして裁判所に届け、裁判所が勇気ある判断に踏み出せるように、みんなで力強く支える必要があります。しかし、この間、疎開裁判のニュースは日本のマスコミから徹底して排除されてきました。政府の非人道的な犯罪行為を明るみに出さないためです。そのため、ほとんどの人たちは「ふくしま集団疎開裁判」のことを知りません。

そこで、私たちはこのブックレットを出版することにしました。一人でも多くの方々にお読みいただき、子どもたちを守るためにご協力くださいますよう、心よりお願い申し上げます。

《追記》

本年九月一一日、福島県の子どもの甲状腺検査で3万8千人の中から初めて一人が甲状腺がんと診断されました。山下俊一氏を座長とする検討委員会は「チェルノブイリ原発事故後の発症増加は最短で4年」等を理由にして原発事故との因果関係を否定しました。しかし、三・一一以前の山下氏は講演で、通常なら子どもの甲状腺がんは100万人に一名と述べています(8)。さらに、原発から150キロ離れたベラルーシ「ゴメリ」地区の小児甲状腺がんは、チェルノブイリ原発事故の翌年に4倍に増加したデータを紹介しています(9)。また、今回発表の4万2千人の子どものうち43%に「のう胞」が見つかり、前回の35%よりさらに増加しました(第4章1参照)。明らかに福島の子どもたちに重大な異変が発生しています。

8　山下俊一「放射線の光と影：世界保健機関の戦略」(2009年) 536頁1～2行目
9　山下俊一「チェルノブイリ原発事故後の健康問題」(2000年) 表2

目次

第4章　第二審（仙台高等裁判所）の経過——私たちの主張 …… 28

第5章　人々の声 …… 48

表紙イラスト・ちば てつや

第1章 「ふくしま集団疎開裁判」を起こしたわけ

ここでは、1　放射能の四重の残酷さ、2　放射能の四番目の残酷さが政府・自治体・原子力ムラの瞞性をあばくなど、四つの理由を紹介します。

1　放射能の四重の残酷さ

人類は核の「軍事的利用」（核兵器）により、地球上のあらゆる生き物を40回殺戮できる途方もない破壊能力を獲得したといわれます。他方で、全世界の国家予算をつぎ込んでも、世界中の科学者を総動員しても命は作れません。蝶《ちょう》はおろかミジンコすら作れません。いったん絶滅した蝶の命を蘇らせることもできないのです。依然その程度の能力しかない人類が核の「平和的利用」（原子力発電所）により途方もない事故を起こしました。二〇一一年三月一一日から始まった福島第一原発事故です。

放射能が私たちにとって他に例をみないほど残酷なのは放射能の四つの性質によります。第1に、放射性物質によって私たちは外部から、そして体内に取り込まれて内部から、桁違いな量でくり返される原子核の崩壊と同時に発射される放射線によるたえまのない細胞の破壊[1]（年間1ミリシーベルトだけでも「毎秒1万本の放射線が体を被ばくさせるのが1年間続くもの」〈矢ヶ﨑克馬琉球大学名誉教授〉）という惨害をこうむる点にあります。と同時に、第2に、この惨害自体は目に見えず、臭いもせず、痛みも感じない、要するに私たちの日常感覚では理解することができません。さらに、第3に、低線量の被ばくによる健康被害が明らかになるのは後のことが多いため、私たちの日常感覚で、いますぐ健康被害の自覚症状がないからといって安全だという保証はありません。これら三つの性質のおかげで、三・

1　細胞のDNAなどの分子を切断すること。

一一以後、私たちは日常感覚に頼る生き方はできなくなりました。ひとたび日常感覚に頼ってしまった途端、放射能の思う壺だからです。その上、この残酷な性質を最大限活用しようと目論んでいる人たちがいます。それが「原発事故を小さく見せること」を至上命令とする権威ある人たちです。

三・一一以来何かにすがりたいと救いを切実に求める福島の人々は権威ある立場の者から「皆さん、放射能の危険はもう去った」といわれたら、一見三・一一以前と変わらない周りの景色を見て、つい「そうだ、終わったんだ」と信じたくなるでしょう。しかし、そこには日常感覚という罠《わな》が待ち構えています。もしふらふらとこの罠にはまって、無防備のまま日々被ばくを続け、後に、がんなどの健康被害が発生しても、「それはあなたのタバコや生活習慣のせいでしょう。被ばくのせいだとどうして証明できるのですか」といわれたら反論するのは至難の技です。その結果、被ばく者は切り捨てられるのは確実です。これが「原発事故を小さく見せる」ための勝利の方程式です。

現実に、チェルノブイリでこのような膨大な悲劇が生まれました。山下俊一氏をはじめとして、チェルノブイリから学んだ日本の権威ある人たちは福島でもこの方程式でシラを切れると確信し行動しています。三・一一以後、私たちは、いわば天使の声を装った悪魔の仕業かどうかを見極めないと命を落とすかもしれないという、これまでに体験したことのない未曾有の困難な恐ろしい時代に突入したのです。

その試練の一つが昨年一二月一六日、野田首相が冷温停止状態の達成を確認した「事故収束宣言」です。これを聞き、少なからぬ人たちが内心安堵したと思います。しかし、はたしてそう信じてよいのでしょうか。「事故収束」は①事故の発生現場と②事故による被害現場の二つの現場の収束を論じる必要がありますが、①事故の発生現場について、福島第一原発で「冷温停止」はあり得ません。なぜなら、もともと「冷温停止」とはあくまで原子炉が健全な状態で、冷却装置が華氏200度以下（摂氏93・3度）で運転されている状態と定義されるものです。しかし「東京電力はすでに炉心自身がメルトダウンしてしまっていると認めているわけですし、圧力容器の底が抜けてしまって、炉心自身が下に落ちてしまっていると認めているわけですから。もう冷温停止もへったくれもない」（小出裕章氏[2]）からです。

②事故による被害現場についても「収束」はあり得ません。なぜなら、もともと低線量の被ばくによる健康被害は被ばくしてすぐに発症するとは限らず、大部分は一定の時間の経過後に発症するものだからです。終了したのは序盤だけで、これから「本格化」します。国外のメディアがこぞって指摘しているとおり、野田首相の宣言は「事故収束」の偽装宣言です。その結果、福島の子どもたちは「事故収束宣言」後も、日々、被ばくを受け、それがどれほど危険な状態であるかは彼らの甲状腺検査結果ひとつ取っても[3]、いますぐ安全な場所に避難しなければいけないことは明らかであるのに、政府は「事故収束宣言」を錦の御旗にして、必要な避難をせずに放置しています。そもそも政府は中立の立場ではなく、憲法上、子どもたちを「安全な環境で教育を受けさせる」義務を負っており、なおかつ原発事故の加害者として、被害者である子どもたちを救護する義務を負っています。そのことを百も承知で子どもたちを避難させない政府の行為は明らかに悪意に基づくもので、この意味で、26万人以上[4]のふくしまの子どもたちの命を危険にさらす非人道的行為として国際法上の犯罪である「人道に関する罪」にも該当する重大犯罪です。

2　放射能の四番目の残酷さが政府・自治体・原子力ムラの欺瞞性をあばく

放射能の三つの残酷な性質とこれを最大限活用しようとする企みについて述べましたが、実はもう一つ残酷な性質があります。放射能が恐ろしいのは、我々市民とちがって、御用学者やマスコミのマインドコントロールにもかかわらず、その被ばくは、身

2　文化放送「吉田照美 ソコダイジナトコ」（2011年12月13日）
3　事故後7ヵ月で実施した福島の子どもたちの甲状腺検査の結果については、「はじめに」で述べたとおり、国外の専門家とメディアから重大な警告が発せられている（Business Insider 2012.7.19）
4　2011年の福島県の14歳以下の人口総数。

分や貧富の差を超え、国境を超えてすべての人に等しく襲いかかるということです。「事故収束宣言」を出した政府要人や原子力ムラの人たちとその家族にも放射能は情け容赦なく襲いかかります。その結果、彼等の行動を見れば「事故収束宣言」が本物かどうかがおのずと分かります。もしニセものなら、彼等の家族や子弟を福島に移住させるようなことは決してしない。福島県の自治体の首長や幹部が我が子や孫をどのように扱っているか、それを見れば福島の子どもたちの集団避難が必要かどうか、真実が分かります。

他方、日本で吸い込む酸素と海外で吸い込む酸素が同じように、福島第一原発から放出されたさまざまな放射性物質はチェルノブイリで放出された同じ名称の放射性物質と同じものです。放射性セシウムは世界のどこで放射線を発射しようが同じ放射線を発射します。この当たり前の性質は大変重要です。なぜなら、これによって福島の原発事故とチェルノブイリ原発事故を比較することが可能になり、チェルノブイリ原発事故の被害状況から福島の未来を予測することができるからです（そのため、国際原子力ムラはチェルノブイリ原発事故の被害状況を小さく見せようと死に物狂いになるのです）。

この理屈は科学の専門家でなくても誰もが理解できることです。これが、三・一一以後、私たちが「天使の声を装った悪魔の仕業かどうかを見極めないと命を落とすかもしれない」という過去に体験したことのない未曾有の困難な恐ろしい時代に生きる上で、天使の声を装った悪魔の仕業かどうかを判定する「リトマス試験紙」として、私たちが生き延びる上で見つけ出した智慧の一つです。疎開裁判のなかで、私たちがこのリトマス試験紙を最大限活用したのは当然です。

3　チェルノブイリ原発事故との比較

福島第一原発事故は、チェルノブイリ原発事故とその規模だけではなく、事故の経過も次頁の表のとおり、とても似ています。

表１

項目	チェルノブイリ原発事故（1986 年 4 月 26 日）	福島第一原発事故（2011 年 3 月 11 日）
①情報隠し	高濃度汚染のベラルーシ・ゴメリの情報	高濃度汚染の飯館村の SPEEDI 情報
②安定ヨウ素剤	配布しない	配布しない
③年間被ばく限度の引上げ	住民に対し 100 倍（５月 14 日）	福島県の小中学校などを20倍（４月19日）
④国際原子力ムラとの連携	IAEA（国際原子力機関）が８月 25 日からウィーンで国際検討会議	ICRP（国際放射線防護委員会）がお見舞いと勧告（３月 21 日に公表）

（1） 情報隠し

チェルノブイリ原発事故の直後、ソ連ではベラルーシ（当時は白ロシア）のゴメリ州の汚染データが政府の事故調査委員会の報告書から消去されました。当時、ソ連政府は「原発から30キロ圏」内を避難地域と定めていましたが、原発から１５０キロ以上離れたゴメリ州の汚染がこの避難地域と同程度でした。そこで、もしこの情報を公表すると避難地域を拡大せざるを得なくなるからでした[5]。

日本でも同様の事態が発生しました。三・一一後も稼動していたＳＰＥＥＤＩ（緊急時迅速放射能影響予測ネットワークシステム）の情報を文科省が隠し続けたのは、ＳＰＥＥＤＩにより原発から約30キロの飯館村の汚染が「原発から20キロ圏」内と定められていた警戒区域[6]と同程度であることが分かり、もしこの情報を公表すると警戒区域を拡大せざるを得なくなるからです。

（2） 安定ヨウ素剤の配布

被ばくによる甲状腺がんなどを予防するために、直ちに安定ヨウ素剤を住民とりわけ子どもに配布す

5　七沢潔『原発事故を問う —— チェルノブイリからもんじゅへ』137 頁。
6　警戒区域：災害対策基本法第 63 条により原子力災害対策本部長（首相）が指定する区域で、区域内への立ち入りが罰則付きで制限・禁止され，許可なく留まる者は強制退去される。2011 年 4 月 21 日、福島第一原発から半径 20km 圏内が同区域に指定された。12 月 26 日の政府の「収束宣言」後，一部を順次解除しているが疑問。

ることは基本的な予防措置して周知の事実です。しかし、チェルノブイリ原発事故の直後、安定ヨウ素剤は配布されず(7)、そのため多くの子どもたちがのちに甲状腺がんなどの病気になりました。これに対し、隣国ポーランドでは直ちに安定ヨウ素剤を配布したため、子どもの甲状腺がんの発生はゼロでした。このことを指摘したのが二〇〇九年の山下俊一氏自身です(8)。ところが日本では、三・一一のあと、安定ヨウ素剤は配布されませんでした。理由は、チェルノブイリ原発事故の経験を熟知する山下俊一氏が福島県放射線健康リスク管理アドバイザーに就任した翌日の三月二〇日、「健康への影響はなく、この数値（注：20マイクロシーベルト／時）で安定ヨウ素剤をいますぐ服用する必要はありません」と福島県にアドバイスし、三月二四日、彼が理事長をつとめる日本甲状腺学会の会員宛に、同様の内部文書を出したからです(9)。

（３）基準値の引上げ・国際原子力ムラとの連携

チェルノブイリ原発事故の直後（五月九日）、ウクライナ共和国のキエフ市では学童とその母親52万6千人の学童疎開が決定されましたが、ソ連政府はこれに露骨に不快感を示し、学童疎開が始まる前日（五月一四日）、住民の年間被ばく許容基準を１００倍に引き上げる通達を出しました(10)。その結果、キエフ市以外の地域では、二度とキエフと同様の学童疎開はできなくなりました。また、ソ連と国際原子力機関（ＩＡＥＡ）は「原子力推進体制を守る」という共通の利害の上に一致協力し、同年八月にウィーンで国際検討会議を開催しました(11)。

日本でも同様の事態が発生しました。国際放射線防護委員会（ＩＣＲＰ）が昨年三月二一日に発表した異例のお見舞いの勧告を根拠にして、見事な国際連携プレーをして、福島県の小中学校などの安全基準値を、それまでの年1ミリシーベルトから20ミリシーベルトという20倍に引き上げる通知を出しました。その結果、福島県の小中学校では学童疎開は困

7　同書57頁。
8　山下俊一「放射線の光と影：世界保健機関の戦略」（2009年日本臨床内科医学会の特別講演）537頁
9　福島県「環境放射能が人体に及ぼす影響等について」日本甲状腺学会会員宛ての文書「福島原発事故への対応 ―― 小児甲状腺ブロックは不要、放射線の正しい知識を」（2011.03.24）
10　七沢潔『原発事故を問う ―― チェルノブイリからもんじゅへ』71頁。
11　同書130～136頁。

難となりました。

4　いかなる場合に基準値の引上げは許されるのか

しかし、はたしてこんなことが許されるのでしょうか。では、一体いかなる場合に基準値の引上げが許されるのでしょうか。それは「危機管理の基本は、危機になった後で安全基準を変えてはいけないということです。安全基準を変えていいのは、安全性にかかわる重大な知見があっただけ」です（昨年一一月二五日、細野豪志環境大臣が主催する「第4回低線量被ばくのリスク管理に関するワーキンググループ」での児玉龍彦氏発言）。

しかし、ＩＣＲＰのお見舞い勧告に書かれている「緊急時被ばく状況」や「現存被ばく状況」だと、どうしてそれまでの1ミリシーベルトという年間被ばく限度が突然１００倍、20倍にアップすることが正当化できるのか、その説明はありません。「安全性に関する重大な知見があった」ことについての説明もまったくありません。内容を理解できないのは自分の頭がおかしいからなのか、と首を傾げざるを得ないほど意味不明の文書です。どうやって子どもたちに「君たちは被ばくしたので、本日から放射能に対する抵抗性が20倍アップになりました」と説明したらいいのでしょうか。当然、福島県をはじめ全国の親たちは猛反対しました。その結果、この通知は事実上撤回されました。しかし、その後も、文科省と自治体は1ミリシーベルト以下を実現可能にする具体的な取組みを何ひとつ実施しませんでした。

つまり、現実に、福島県の子どもたちは、18歳未満立入り禁止とされる放射線管理区域[12]（3ヵ月あたり1・3ミリシーベルト。年間とすれば5・2ミリシーベルト）よりもはるかに高濃度の環境のもとで教育を続けることを余儀なくされたのです。

そこで、郡山市の14人の小中学生はこの前代未聞の不正義を黙っておれず、郡山市を相手に「年1ミリシーベルト以下の放射能から安全な場所で教育をせよ」を求める裁判を起したのです。

12　放射線管理区域とは、「被ばくを防ぐために、不必要な出入りが禁じられる区域のことで、一般の人が放射線管理区域に接する機会は、病院でＸ線撮影やCT撮影を受ける時くらい。そこに入ったら、水は飲めない、食事はできない、寝てはいけない、当然子どもを連れ込んで遊ぶなんてことは許されない」（小出裕章）、3ヵ月あたり１．３ミリシーベルト（毎時０．６マイクロシーベルト）を超えるおそれのある領域のこと。

裁判所へのメッセージ

山本太郎

郡山の集団疎開裁判。いま僕たちは、この裁判をものすごく熱く見守っています。いったいどうなるのか。お願いしたいことは一つだけです。子どもたちを守って下さい。子どもたちは僕たちの未来ですよね。この国の未来ですよね。子どもたちに未来が無いということは、この国の将来は無いということですよね。いま、この状況を変えられるのは、子どもたちを安全な場所に移せるのは、勇気のある大人の行動だけだと思います。

三・一一以降、僕は変わりました。生き方が変わりました。皆さんはどうですか。自分を守るのは、やめました。本当に自分が生まれてきて、成すべきこと、次の世代にいのちをつないでいくということを、いましなくてはいけないと思います。

ぜひ、勇気をもって、気概のある大人に、たくさんの大人に、子どもたちを守るアクションを起こしてほしいです。自分の利益を守らずに、子どもたちの安全をぜひ守っていただきたいと思います。

（二〇一一年一一月一六日）

第2章 疎開裁判の判断を決める三つの力

疎開裁判の判断を決める三つの力は、真実と正義、それにものいわぬ多数派（サイレントマジョリティ）です。

1　第一と第二の力――真実と正義

（1）真実の力

疎開裁判は被ばくの危険性を問う科学裁判です。だから裁判では、まず、原告の子どもたちはこれまでにどれくらい被ばくし、今後どれくらい被ばくするのか、被ばくに関するデータが問われました。

この点、被告の郡山市が三月一二日から「郡山合同庁舎」で測定したデータが下の図1です。しかし、不可解なことに三月二四日でこの折れ線グラフは切れています。その理由は、それまで三階の屋上で測定していましたが、二四日に福島市など他の市町村の測定場所に合わせて、一階の地上に移動して測定

市内の放射線量の推移

次の図のとおり、原発で水素爆発が起きてから、3月15日に郡山合同庁舎で放射線量が8.26マイクロシーベルトの最大値を観測しました。3月24日に他市町村との観測ポイントの統一を図るため、3階から1階にし、4.05マイクロシーベルトになり、それ以降は減少傾向が続いております。

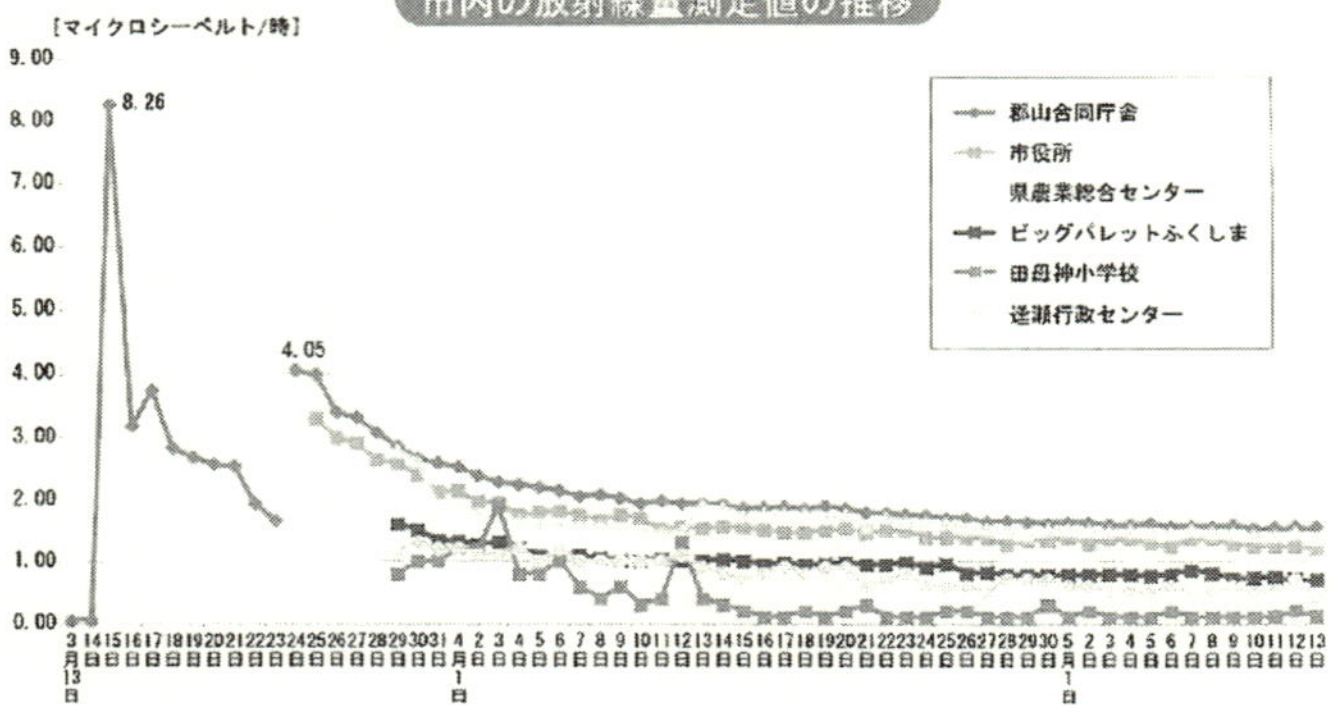

図1

したからです。その結果、16時の時点で1・43→3・78で2・6倍強、17時で1・40→3・91で2・8倍弱と跳ね上がってしまい、折れ線グラフをつなぐことができなくなったからです。そうだとしたら、三月一二日から二四日まで、普段、地上で暮らしている子どもたちがどれくらい被ばくしたのか、このグラフでは分かりません。しかし、郡山市は修正した推定値を出そうとしません。そこで原告弁護団が、最初から地上で測定していた福島市の測定値を参考にして推計したのが次頁の図２の折れ線グラフです。この折れ線グラフと、それより約３分の１少ない公表値の差の部分が、郡山合同庁舎三階の屋上で測定した場合と地上で測定した場合とで三月一五〜二四日で生じる積算値の誤差です。両者の誤差は三階で測定した積算値の約1・8倍にもなりました。現実の被ばく量は郡山市が公式に発表しているものとこれほど違うのです。

この推定値を元に三月一二日から五月二五日までの空間線量の積算値を計算すると、4・3〜9・46ミリシーベルトと、三・一一から75日間だけで年間許容量（1ミリシーベルト）の約4・3倍倍から9・5倍倍近くも被ばくしていることになります。同様に、年間の空間線量の積算値を推定すると12・7〜24ミリシーベルトにもなりました。

さらに、チェルノブイリ原発事故と対比するために、この事故で旧ソ連とロシアなど３国が定めた住民避難基準を郡山市に当てはめると、原告らが通う学校周辺は、昨年一〇月末の時点で、すべて住民を強制的に移住させる移住義務地域（裏表紙の汚染マップの赤丸）に該当します。

この主張に対し郡山市はどう答弁したかというと、基本的に「不知[1]」というだけで、自ら積極的に、原告らの被ばく量やチェルノブイリ住民避難基準との関係を明らかにしようとはしませんでした。これが、子どもたちを安全な環境で教育する義務を負う者のあるべき姿でしょうか。

（２）正義の力

疎開裁判は子どもの人権を守る憲法裁判です。憲

1　不知（ふち）とは法律用語の一つで、積極的に争うことはしない。しかし、さりとて相手の主張を認めるつもりもないという態度のことです。

手書きの折れ線グラフは、３月 11 日当初から、
地上１ｍの値を福島市の測定値から推計して
作成したもの。
その上の手書きの点と数字は、公表された福島市
（地上１ｍ）の測定値。

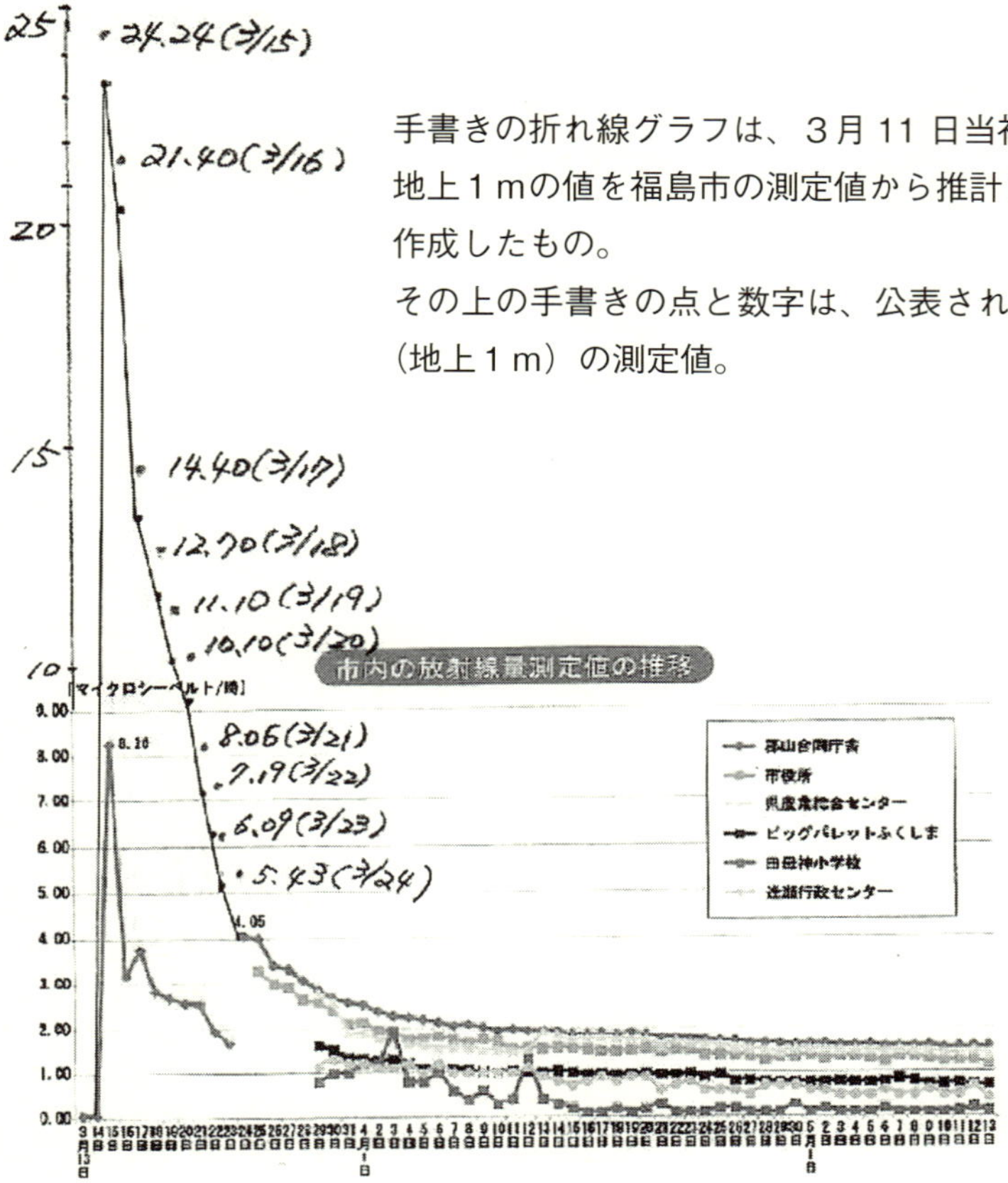

図２

【参考資料】1999年６月25日 福井新聞

40年前の原発事故 被害試算を公開

国家予算の2倍以上

科技庁

日本初の原子力発電所建設に向け、一九五九（昭和三十四）年に専門の学者らがまとめた原発事故の被害試算の報告書全文がこのほど、科学技術庁から初めて国会に提出された。報告書では最大の被害額を「過小評価の側」としながらも当時の国家予算の約二・二倍の三兆七千億円と試算。人的被害は、それぞれ最大で死亡七百二十人、障害五千人、要観察四百万人と見積もっている。同庁は六一年に損害額を三分の一以下に低く表記した要約だけを国会に報告していた。原子力基本法の「自主・民主・公開」三原則を破って原子力発電開発がスタートしたことは明らかで、多くの批判が集中しそうだ。報告書は四十年の歳月を経て国会図書館で公開される。

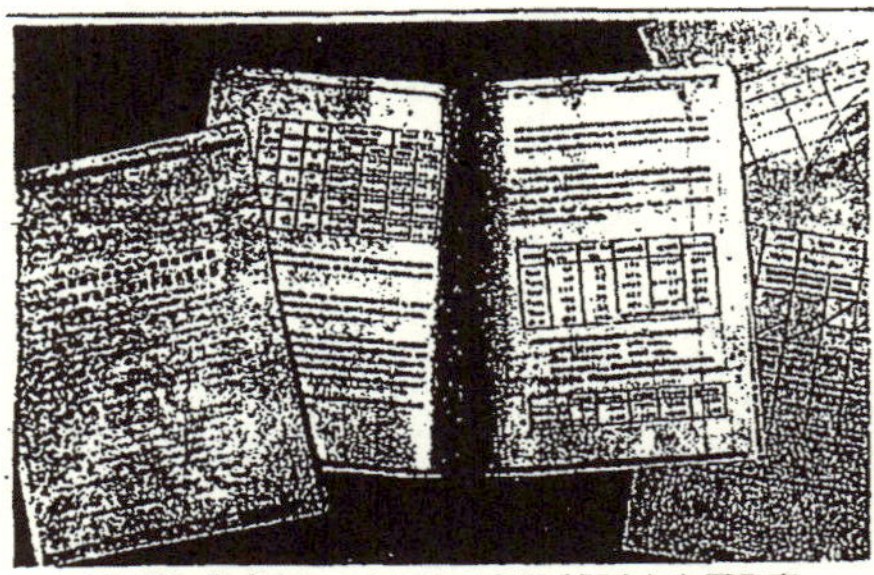

40年前に作成され、ようやく全面公開された原発事故の損害額に関する試算

スクープ

「過小評価の側」 最大で720人死亡

報告書は「大型原子炉の事故の理論的可能性および公衆損害額に関する試算」。日本原電東海発電所の建設を控え、原発事故発生時の損害賠償制度を定めた「原子力損害の賠償に関する法律」の制定（六一年）に向け科技庁が社団法人・日本原子力産業会議に委託して作成した。十八ページの本文の後に「付録A―G」が添付され、計二百四十四ページで構成されている。

電気出力で約一六万キロワット（東海原発1号機に相当）の原発から、一〇〇〇万キュリー（現行単位では三七京ベクレル、八六年に起きたチェルノブイリ事故の三十分の一以下に当たる）の放射能が漏れたとの想定で、気象条件や放出条件ごとに損害額を試算した。

本文では「詳細な結果は付録Gに述べてあるが、ここではその要約を紹介」するとし、最大損害額を「一兆円をこえる」と表現しているが、「付録G」には当時の国の一般会計一兆七千億円の約二・二倍の「三兆七千億円」と明記。最小被害では二十三億円としている。人的被害を死亡から検査までの四段階に分け、慰謝料や損害補償、治療費、葬式費用の額など具体的な試算を積み上げたもので、膨大な額の試算結果に驚いてか、前書きでは「結論や結果の数字だけを乱用されることのないよう、くれぐれもお願いしておきたい」と強調している。

科技庁は六一年の衆院科学技術対策特別委員会に、本文から付録に関する記述を削除した要約版のみを提出、原賠法は〝無限責任〟の形を取ったため、「資料は活用されなかった」「重要な意味を持ち得ない」として報告書は闇（やみ）に葬られていた形となっていた。

一年ほど前から国会内で「試算」の存在が議論となっていた。今年に入って参院の経済・産業委員会で公明、共産の二人の委員が追及、資料の公開と現時点での試算のやり直しを求めた。科技庁は試算のやり直しは意味がないと説明。情報公開については「大いに反省し、今後は十分公開していく」（有馬朗人・科技庁長官答弁）として今月に入り資料を製本、国会図書館に置いた。同庁では閲覧やコピーなどの一般からの要望にも応じていく考え。

なお同庁は、資料について▽仮想条件があまりに多い▽起こりうる事故という性格の試算ではない▽原子力利用が緒についた段階の試算で現在の資料価値としては疑問―などの見解を示している。

（報道部・阪井路和）

今の評価に影響ない

来馬克美・県原子力安全対策課長の話　内容は見ていないが、作成された時代からいって技術的に正確な災害予測の根拠をもって試算できたものではないと推測され、現在の安全評価、災害評価に影響を与えるものではない。非公開とされてきた背景は分からないものの、安全と防災は決して裏腹のものではなく、もっと早く情報公開したうえで議論されてもよかったのではないか。

法は子どもに「教育を受ける権利」を保障し(26条)、この人権のなかに「安全な環境で教育を受ける権利」も含まれるからです。当初から、私たちは門前払いさえなければ「法による裁判」がなされる限りこの裁判は必ず勝つと確信していました。人権の基本原理によれば、最高の価値とされる人権に対抗して制約できるものがあるとしたら、それは唯一、同じく最高の価値を有する人権しかありません。つまり他者の人権と衝突する場合に限って人権は制限可能なのです。しかし、本件の子どもの避難で発生するのは基本的にお金の問題です。他者の人権との衝突は起きません。人権(子どもの命)対お金の対立なら、人権に軍配を上げるのが人権保障の当然の帰結です。

ましてや、国は一九五九年に、原発導入にあたって、原発事故による被害額を国家予算の2・2倍と試算済みです(報告書「大型原子炉の事故の理論的可能性及び公衆損害に関する試算」—とこれを報道した前頁の記事参照)もともとそれだけの損害額を覚悟して原発の導入を推進したのです。現在の国家予算に当てはめれば200兆円です。金銭的にも福島県の子どもたちの疎開を不可能だという言い訳は通用しません。

その上、この「集団疎開裁判」はすでに発生した原発事故によって、いまここで命が危険にさらされている子どもたちを救済するという緊急の問題です。二〇〇〇年、三宅島で噴火が発生したとき島民を救済するという問題と同様です。将来の事故を未然に防止するための原発運転差止裁判とは緊急性のレベルが違います。したがって門前払いさえなければ天地がひっくり返らない限りこの裁判は負ける筈がない、私たちはそう確信していました。

2 第三の力──物いわぬ多数派(サイレントマジョリティ)

しかしながら、疎開裁判は前例のない裁判です。争点の低線量被ばくの危険性は、科学者によって見解が分かれるところであり、他方、これに対する裁判所の判断は社会に大きな影響を与えます。

裁判は理屈と証拠だけで結論が出るはずの手続です。とはいえ、最終的に判断を下す裁判官も、弱い一人の人間であることに違いはありません。裁判官は孤独です。裁判官にとって、自分の仕事が社会的に大きな影響をあたえることは、やりがいではありますが、他方で不安の源でもあります。行政や大企業のいい分に沿う判断をしていれば無難です。そうではなく、それを否定し、行政や大企業を怒らせるような判断に踏み出そうとするとき、その背中を押すのは、自分の判断を多くの市民が支持してくれるだろうという思いです。

だから、この裁判に勝訴するためには、この裁判のことを少しでも多くの市民に知ってもらい、裁判を闘っている子どもたちを支持するという声を少しでも大きくしてもらうことが必要なのです。

郡山市の学校に２台並ぶモニタリングポスト。
左が「合格ポスト」、右が「落第ポスト」(2)

2　詳細は66頁のコラム参照

第3章

第一審（福島地方裁判所郡山支部）の経過と結論

いざ裁判が始まったとき、裁判所は門前払いをせず、被ばくの危険性という本題の審理に入りました。

1　私たちの主張

私たちは、前述したとおり、原告らの三・一一以来75日間や1年間の空間線量の積算値を推計したほか、次の事実を証明しました。

（1）原告らが住む郡山市で、福島原発事故に基づく低線量被ばくによりどのような健康被害が生じるのか。それは、チェルノブイリ原発事故周辺で、郡山市と同レベルの放射能汚染地域に焦点をあて、その地域でどのような健康被害が生じたかを確認することによって予測することができると考え、この分析を甲状腺の疾病について矢ヶ崎克馬琉球大学名誉教授にやってもらいました。それによると、郡山市と汚染度が同程度の地域（ウクライナのジトーミル州ルギヌイ地区）で発生した次の健康被害が郡山で予想されます。

通常であれば、甲状腺のがんなどは10万人当たり数名しか子どもには出ないのに、

①5～6年後から甲状腺疾病と甲状腺腫の双方が急増し、9年後の一九九五年には子ども10人に一人の割合で甲状腺疾病が現れた。

②甲状腺がんは甲状腺疾病の10％強の割合で発病、9年後は1千人中13人程度となった。

（2）甲状腺疾病以外の疾病について、同様の分析をヤブロコフ・ネステレンコ報告[1]とバンダジェフスキーの論文[2]に基づいて、岐阜環境医学研究所所長の松井英介医師にやってもらいました。それによると、郡山市の子どもたちは今後、糖尿病、さまざまな先天障害、水晶体混濁、白内障、心臓病、その他の疾患の明らかな増加が予想されます。バン

1　報告書『チェルノブイリ――大惨事が人びとと環境におよぼした影響』（「はじめに」の脚注６）。
2　「チェルノブイリ原発事故による放射性物質で汚染されたベラルーシの諸地域における非がん性疾患」（Poceedings of 2009ECRR Congress Congress Lesvos Greece. 翻訳 田中泉　翻訳協力 松崎道幸）。

ダジェフスキーは、チェルノブイリ原発事故後に死亡した人を解剖して臓器ごとにセシウム137を測定した結果、子どもたちの心臓病多発の原因がセシウム137の心臓への高濃度蓄積によるものであることを発見しましたが、福島の子どもたちも内部被ばくにより、今後、同様の心臓病多発が予想されます。

2　郡山市の反論

郡山市は、またしてもこれらの主張に「不知」と答えるのみで、原告たちには転校の自由があるのだから危険だと思う者は自主的に引っ越せばよい、安全な場で教育を受ける権利を侵害したのは東京電力であって自分たちではない、だから子どもたちを安全な場所に避難させる義務は負わないと反論しました。

だが、子どもたちが遊んで原発をこわしたのでしょうか。子どもたちが福島への原発誘致を賛成したのでしょうか。子どもたちに自己責任が課せられるような原発事故への責任があるのでしょうか。

科学裁判を決定する真実の点においても、憲法裁判を決定する正義の点においても勝負は明らかでした。

3　裁判所の判断

ところが、裁判所は、一〇月末の審理終了から45日の沈黙ののち、昨年一二月、野田首相の「事故収束宣言」と同じ日の同じころに、私たちの申立を斥《しりぞ》ける判断を下しました。理由の骨子は、14人の避難を求めた裁判は郡山市3万人の子ども全員を一律に避難させる裁判であると私たちの申立を強引にねじ曲げ、したがって避難が認められる要件は厳しく解くほかないとしました。そのためには、14人の子どもたちの生命身体に対する具体的に切迫した危険性があることが必要であり、その危険性を判断する上で最大の論拠となるのは空間線量の値が年間100ミリシーベルト以上であることが必要です。ところが、14人の子どもたちが通う学校の空間線量の値が年間100ミリシーベルト以上であることの証明はない、文科省の20ミリシーベルト政策も考慮すべき

世界市民法廷（東京日比谷）に参加した市民の評決

だ、すでに被ばくしたものはいまさら救済しようがない、危険だと思うなら自己責任で区域外通学という方法で避難すればよいというものでした。

他方で、私たちがもっとも力を入れて主張・立証した「チェルノブイリ原発事故との比較」に対して、裁判所は一切応答せず、これを黙殺しました。

のみならず、中立を斥ける最大の根拠となったいわゆる１００ミリシーベルト問題（3）について、審理のなかでは原告はいうまでもなく、被告郡山市ですら、また裁判所自身も一度も取り上げなかったにもかかわらず、判決のなかで裁判所はいきなりこれを取り上げて一方的に認定し、私たちの中立を斥ける最大の根拠としました。いい換えれば、ここまで無理矢理の理由づけを持ち出すしか私たちの中立てを斥けることができなかったのです。その意味で、この判決自身が原告の子どもたちの人権を侵害するものです。

4　異議申立と世界市民法廷の設置

また、この判決は14人の申立人と同様の危険ななかにいる福島の子どもたち全員に向って、君たちは自己責任で避難しない限りどうなっても知らないぞと宣言するもの、つまり巨大な人災により歴史上初めて日本人を仕分けする（切り捨てる）宣言をした未曾有の人権侵害判決です。私たちがこれに服従できないのは当然です。直ちに仙台高等裁判所に異議

3　100mSv 未満の放射線量を受けた場合における晩発性障害の発生確率について実証的な裏付けがないかどうかという問題。

中立する一方、「人権の最後の砦」として機能不全に陥った裁判所に代わって、命の危険にされされている福島の子どもたちを救うために、近代の人権宣言の原点(4)に立ち返り、世界中の市民から構成される陪審員の手によって、放射能の危険について正しい判断を下す世界市民法廷を設置し、開催することに決めました。

世界市民法廷は真理と正義とそして命に対する無条件の尊重を基本原理とする、二一世紀の市民型紛争解決機関です。日本中、世界中の人たちが世界市民法廷に参加して、「市民の、市民による、市民のための世界市民法廷」による世直しを推し進める決意をしました。

５　世界市民法廷の経過

今年二月二六日に東京日比谷で第1回の、三月一七日に福島県郡山市で第2回の世界市民法廷が開催されました。当日は、福島地裁郡山支部の疎開裁判を再現する法廷劇を上演し、合わせて、もし市民が陪審員ならこんな意見が交わされるのではと想像した陪審劇を上演し、それらを観たゲストと観客の市民の間で意見交換した上で、最後に観客の市民に陪審員になってもらい評決をしてもらいました。

また、当日の様子は英語の同時通訳でネット中継し、これを観た日本と世界中の市民に陪審員になってもらい、ネット上の「ふくしま集団疎開裁判の会」ブログで評決（結論と理由など）を書き込んでもらいました。これらの評決の内容はすべてネット上で、その一覧が日本語、英語、イタリア語、韓国語、中国語、ロシア語などの外国語で公開されていて、世界中の市民が疎開裁判はどう裁かれるべきかと考えているのが分かるようになっています。2回の世界市民法廷の動画はネットに公開されていて、誰もがいつでも再生でき、これを観て、評決に参加することができます。世界のサイレントマジョリティが疎開裁判を支持することを表明する方法として、いま、一人でも多くの市民に世界市民法廷の評決に参加することを呼びかけている最中です(5)。

4　その一つがアメリカ独立革命のヴァージニア憲法３条「政府は人民、国家または社会の利益、保護および安全のために樹立される。いかなる政府も、これらの目的に反するか、または不十分であると認められた場合には、社会の多数の者は、その政府を改良し、変改し、または廃止する権利を有する。この権利は、疑う余地のない、人に譲ることのできない、また棄てることもできないものである。」

5　評決は http://fukusima-sokai.blogspot.jp/2012/03/blog-post.html（日本語）など。

第4章

第二審（仙台高等裁判所）の経過――私たちの主張

第二審の裁判の中心的なテーマは二つあります。一つは一審判決がいかに間違っているかを明らかにすることと、もう一つはその後判明した子どもたちの被ばくに関する重大な事実の主張です。第一審の審理の中心は「チェルノブイリ原発事故による健康被害との具体的な対比」からふくしまの未来を予測することでした。これに対し、第二審の中心は「福島原発事故による健康被害の具体的なデータ」からふくしまの未来を予測することにシフトしました。「子どもたちの生命・身体に対する具体的な危険性」を裏付ける、より直接的なデータが福島の現実のなかから登場したのです。

それが、甲状線検査により、本年一月、南相馬市などの四市町村の子どもたちの30％に、本年二月、札幌に自主避難した子どもたちの20％に、本年四月、13市町村の3万8千人の子どもたちの実に36％に「結節」と「のう胞」が見つかったという事実です。

1　35％の子どもに「のう胞」が見つかった 福島県民甲状腺検査結果の問題点を指摘

本年四月二六日発表された第2回目の甲状腺の「福島県民健康管理調査」で13市町村の3万8千人の子どもたちの35％に「のう胞」が発見されました[1]。30％の子どもに「しこりと嚢胞」が見つかった第1回目の検査結果のとき、山下俊一氏らは「原発事故に伴う悪性の変化はみられない」「甲状腺の腫瘍はゆっくり進行するので、今後も慎重に診ていく必要があるが、しこりは良性と思われ、安心している」と述べました。これは山下俊一氏らが三・一一以前に、放射能非汚染地域の長崎の子どもたちを検査した結果（甲状腺のう胞が見られたのは0・8％）、チェルノブイリ地域の子どもたちを調査した結果（甲状

1　本年9月11日発表では、主に福島市の4万2千人の子どものうち43％に「のう胞」が見つかった。

腺のう胞が見られたのは0・5%）と比べても途方もなく高い数字です（その詳細は、第5章2の意見書（松崎道幸医師）を参照）。この結果を知った被ばく問題に詳しいオーストラリアのヘレン・カルディコット博士は「はじめに」で述べたとおり、事態の深刻さを警告しました。

ところが、山下俊一氏らは、本年一月一六日、日本甲状腺学会の会員宛てに、のう胞が見つかった親子たちがセカンドオピニオンを求めに来ても応じないように求める内部文書（次頁の書面）を出し、その人権蹂躙行為は海外でも評判となりました(2)。

2　被ばくによる健康被害が後の世代により強く現れる「遺伝的影響」の問題点を指摘

チェルノブイリ原発事故の重要な警告の一つとして「遺伝的影響」の問題があります。これは低線量の内部被ばくによる健康障害が直接被ばくした本人のみならず、その第二世代により強く現れ、第3の影響のことです。この問題の重要性を訴えているのがスイスのバーゼル大学医学部の名誉教授で、元WHO（世界保健機関）専門委員のミシェル・フェルネクス氏(3)です。

彼の今年五月の講演「福島の失われた時間」は次のように述べています。

「（放射能による）遺伝的損傷は、また特にゲノムの不安定性の原因となる遺伝子周辺の損傷は、親よりも子孫たちに、より重い状態で出現するという発見は、研究者たちを驚かせた。世代から世代へと危険がどんどん高まっていくのである。……『原子力事故が変異を引き起す力は、これまで疑われていたよりもはるかに重大であることを、いまや私たちは認識している。真核生物のゲノムには、これまでは決して起りえないと考えられていた水準の件数で、変異が起ることを認識している』一九九六年四月二五日号「ネイチャー」誌の編集後記。……（福島に対し）日本政府は何をすべきか。これ以上汚染と被ばくが続くことにより、遺伝的な損傷がこれ以上悪化することを遺伝学者の指導によって食い止めな

2 Percent Of Fukushima Children Have Abnormal Growths From Radiation Exposure (Businessinsider 2012.6.16)

3 2011年11月30日緊急提言「人々が被ばくから身を守るために —— 福島の即時の影響と後発性の影響を予測すること —— 」(http://peacephilosophy.blogspot.jp/2012/01/edr-michel-fernex-warns-health.html)

日本甲状腺学会　会員の皆様へ

福島県では、東日本大震災に伴い発生した東京電力福島第一原発事故による放射能汚染を踏まえて、県民の「健康の見守り」事業である長期健康管理を目的として、全県民を対象とする福島県「県民健康管理調査」を行っております。そのなかで、震災時に0から18歳であった全県民を対象に、甲状腺の超音波検査を開始して参りました（県民への説明文書をご参照下さい）。

これまで、平成23年10月からの福島県立医科大学附属病院での土日祝日の実施、その後11月中旬からの学外各地域での平日の実施と、すでに1万5千人を超える方に対する一次検査が終了しています。

このたび、学内外の専門委員会での協議を経て、その検査結果を順次ご本人のもとに郵送でお知らせする予定であり、ご支援をいただいている関係学会の先生方にも、この結果への対処につきご理解を頂きたくご連絡申し上げます。

さて、一次の超音波検査で、二次検査が必要なものは5.1㎜以上の結節（しこり）と20.1㎜以上の嚢胞（充実性部分を含まない、コロイドなどの液体の貯留のみのもの）としております。したがって、異常所見を認めなかった方だけでなく、5㎜以下の結節や20㎜以下の嚢胞を有する所見者は、細胞診などの精査や治療の対象とならないものと判定しています。先生方にも、この結果に対して、保護者の皆様から問い合わせやご相談が少なからずあろうかと存じます。どうか、次回の検査を受けるまでの間に自覚症状等が出現しない限り、追加検査は必要がないことをご理解いただき、十分にご説明いただきたく存じます。

なお、本検査は20歳に至るまでは、2年ごとに、その後は5年ごとの節目検査として長きにわたる甲状腺検査事業となり、全国拠点病院との連携が不可欠であり、今後広く県民へも周知広報される予定です。

今後とも本検査へのご理解、ご協力をよろしくお願い申し上げます。

平成２４年１月１６日

福島県立医科大学　放射線医学県民健康管理センター長　山下俊一
同　上　臨床部門副部門長（甲状腺検査担当）　鈴木眞一

ければならない。」

３　いまだデータも対策も公開しない 郡山市内小学校のホットスポット情報を提出

郡山市は教育委員会が、本年一月二三日より、ひそかに市内の小中学校でホットスポットの測定を週1回のペースで実施していました。今回、市民の情報開示手続によりこの事実を突き止め、五月六日、緊急の記者会見を開き、新聞などで報道されました。このなかには、測定器では測定不能（毎時9・999マイクロシーベルト以上。年間に換算すると87・6ミリシーベルト）となった小学校は5校もありました（下段の開示文書参照）。

にもかかわらず、郡山市は、その後も、郡山市内小中学校のホットスポット情報を公開しないばかりか、その対策も公表しません。小中学校の敷地内のホットスポット問題という重大な問題は、依然、闇のなかにしまわれたまま、まさしく数百年前と同じく、市民は「由らしむべし、知らしむべからず」[4]

学校敷地内ホットスポット調査票

提出月日 1月25（水）	学校番号 学校名	小36	郡山市立赤木小学校

※　高さ1㎝の測定（雪の上でよい。）

1	中　庭	2	雨水等の排水口	3	側　溝	4	体育館裏
μSV／h	なし	μSV／h	9.999以上	μSV／h	9.999以上	μSV／h	4.152
5	プールののり面	6	生け垣	7	樹木等の密集地帯	8	その他（石油倉庫裏）
μSV／h	なし	μSV／h	1.452	μSV／h	2.575	μSV／h	3.017

4　人民はただ従わせればよく、理由や意図を説明する必要はない（広辞苑）

のままです。

他方で、郡山市は、本年三月二三日、昨年五月から実施してきた屋外活動を3時間に制限するルールを四月から解除すると発表しました。その決裁文書によれば、解除の第一の理由として、「除染などにより学校がもっとも安全な場所のひとつになっていること」をあげています、郡山市内小中学校に深刻なホットスポット問題など存在したこともなかったかのように何食わぬ顔をして。しかし、子どもたちがこれを知ったら「それは正真正銘のウソツキだ」というのではないでしょうか。

以上の問題とホットスポット情報を、今回、仙台高等裁判所に主張し、証拠を提出しました。

4　放射能汚染土壌などを埋めた郡山市内21ヵ所の仮置き場マップを提出

郡山市は、昨年一一月から「郡山市線量低減化活動支援事業」として、市民協働といううたい文句で市民による除染活動を積極的に推奨しました。当該事業では、地域の自治体やPTA単位などで通学路の除染を行い、これまでに約400団体が参加しました。問題は、この除染に伴って生じた放射能汚染土壌などの処分（廃棄）です。

昨年一〇月二七日午後、郡山駅西口の植え込み毎時80マイクロシーベルト（部分的には120マイクロシーベルト。年1050ミリシーベルト以上に相当）の放射線検出というニュースが報じられましたが、郡山市の通学路にはこうしたホットスポットが存在する可能性は否定できず、通学路などの除染によって発生した放射能汚染土壌がどれほど高濃度なものであるかは測定してみないと分かりません。しかし、現実には、その測定を行わないまま、回収した放射能汚染土壌などを市内21ヵ所の仮置き場に埋められました。その結果、法律で放射能汚染土壌などを埋める時には放射性セシウム濃度が8000ベクレル／キログラム以下であることが条件であるにもかかわらず、それに違反している可能性もあります。

しかも、この21ヵ所の仮置き場は、証拠として提出した「仮置き場マップ」（下の図）が示すとおり、ほとんどが市街地の公園、スポーツ広場です。その上、これらの仮置き場を示す掲示板は置かれておらず、子どもたちはそこで知らずに遊び回っています。

いま、郡山の子どもたちは、3で明らかにされたように、学校内で知らずしてホットスポットのすぐそばで遊び回っているおそれがあるのと同様、学校外でも知らずして、きわめて高濃度の仮置き場のすぐそばで遊び回っているおそれがあります。

5 「郡山市の学校給食は安全か？」をめぐる疑問点を提出

(1) 郡山市の学校給食の現状

郡山市の小中学校の給食では、従来から「地産地消」をうたって、福島県産の食材（地元産新米「あさか舞」など）が積極的に使用されています。ところで、福島県は三・一一福島原発事故を受け、昨年

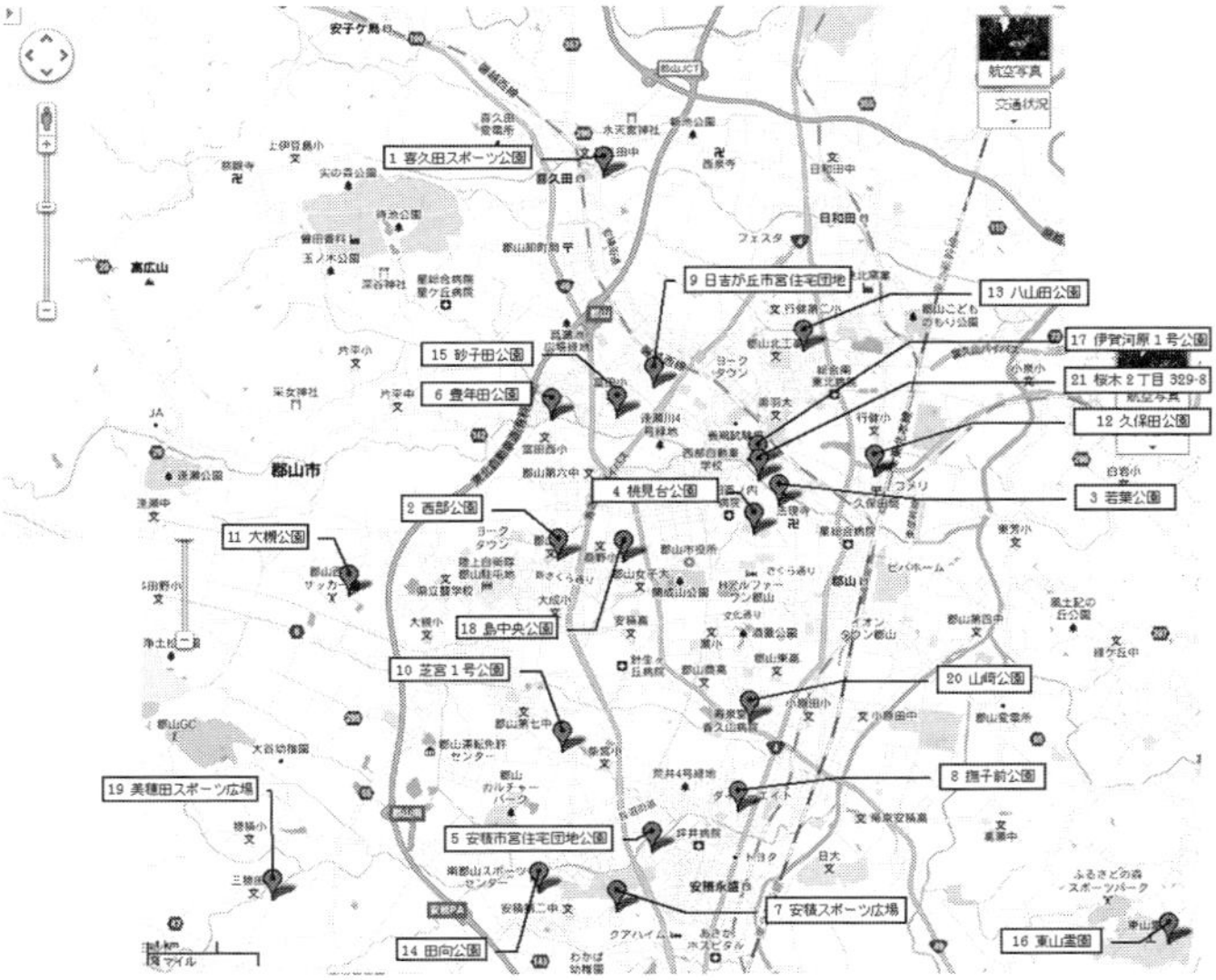

仮置き場マップ

度の新米について、収穫前の予備検査と収穫後の本検査を実施し、放射性セシウムの暫定規制値（５００ベクレル／キログラム）を上回る新米はなかったとして、昨年一〇月一三日、安全宣言を行いました。しかし、翌一一月一六日、福島市の一部の地域の新米から暫定規制値を上回る値が検出され、郡山市の一部の地域（大槻町、喜久田村、富久山町、御舘村、赤津村、河内村、日和田町）も含めて緊急再調査を行うこととなりました。

しかし、福島原発事故により食品の放射能汚染が懸念されているにも関わらず、郡山市の教育委員会は、昨年一一月八日より、地元産新米の使用を開始し、県による上記緊急再調査の際にもいったん中断することもせず、地元産新米の使用を続けてきました。

これに対し、私たちは、疎開裁判で、「それでは学校給食の安全性が確認されたとは到底いえない」（抗告理由書24頁ウ）と主張しました。

これに対し、郡山市は、次のように答弁してきました。

「放射性物質の検査を実施しており、特に、給食米については、出荷時におけるJAの検査と、相手方郡山市の二重の検査を行っていることから、危険性はない」（答弁書7頁）

しかし、そのような検査で本当に「危険性はない」といえるのでしょうか。

(2) 郡山市の学校給食の問題点

ここでは、郡山市の学校給食の現状と問題点を証拠として提出しました。

a 武本報告書2〜4頁

この点、郡山市の学校給食の運営について情報開示手続により実態を把握した武本泰さんの報告書によれば、次の問題点が指摘されています。

(a) 学校給食の基本原理

本来、郡山市は学校設置者として子どもに対し、「教育を受けさせる憲法上の義務」を負っており、その義務の一貫として「安全な環境で子どもに教育を受けさせる義務」を負っていて、その具体化として、子どもに安全な学校給食を提供する義務があることはいうまでもありません。ましてや、子どもと保護者の側に学校給食の食材を選択する機会も自由も与えられていないのですから、郡山市は一層高いレベルで、学校給食の安全性の確保のための措置、そして十分な検討・審議や保護者に対する説明責任などの適正手続が求められることになります。

（b）　適正手続の欠落

ところが、三・一一福島原発事故により食品の放射能汚染が懸念されている最中、郡山市教育委員会は、昨年一一月八日より地元産新米（玄米）の使用を決定する際、教育委員会内部で慎重に検討・審議した文書類が存在しませんでした。のみならず、その８日後の同月一六日、福島市などで暫定規制値（放射性セシウム５００ベクレル／キログラム）を上回る新米の放射能汚染が発覚し、県による緊急再調査が開始され、その際、郡山市の一部の地域の水田も緊急再調査の対象地域となりました。当時、食品の放射能測定器も十分に配置されておらず、保護者の間にも動揺が広がっていました。それにもかかわらず、郡山市教育委員会は、地元産新米を学校給食に継続して使用するかどうかをめぐって、教育委員会内部で慎重に再検討・審議した文書類が存在しませんでした。つまり、漫然と、地元産新米の学校給食での使用を継続したのです。

このように、郡山市教育委員会は、本来、学校給食の安全性の確保のために高いレベルの十分な検討・審議が求められているにもかかわらず、そのような適正手続を果した形跡がありません。

（c）　説明責任の欠落

さらに、この「十分な検討・審議という適正手続の欠落」に対応するかのように、郡山市（教育委員会と市議会）は次のとおり、「保護者に対する説明責任」を放棄してきました。

三・一一原発事故以来、学校給食に関して、郡山市から小中学校の児童・生徒の保護者に対する連絡は、ほとんど文書によるものだけでした。そのため、学校給食の安全性に不安を抱く保護者の間から、学校給食の安全性確保に関する説明の機会を求める声があがり、昨年一二月一日、『学校給食について、保護者などに対面形式での説明や質疑応答の機会を定期的に設けること』を求める請願書を郡山市議会に提出しました。しかし、一二月一六日、市議会は、市民のこのつつましい請願すら反対多数（賛成10、反対29）で否決し、教育委員会が最低限の義務である説明責任を果すことは必要ないと「行政に優しい」立場を表明しました。否決の主な理由は、
①定期的に説明会を開くことで行政の負担が増える、②定期的にすることで不安を煽るのでは、③日常業務のなかで対応すべき、です

（d）検査体制の不備

地元産新米の放射性セシウム濃度の検査体制について、次の問題点がありました。
①当初、米販業者（ＪＡ）が中心となって行っていて、その際、安全性を確保するために検査方法の詳細などについて米販業者との間で取り交わした文書も存在せず、結局、検査は米販業者に丸投げであること、
②検査方法は、30キログラム入りの玄米10～42袋からサンプリングして1検体として測定しており、各袋毎の検査を行っていないことが示唆されること、

以上から、検査方法そのものに対する信頼性が担保されているとは到底認められません。

（e）地元産新米の購入価格をめぐる不可解な動き

開示文書から、学校給食で使用する地元産新米の購入価格について、昨年度は一昨年度より1キログラム当たり15円高い価格で購入することで市教育委員会が郡山市農協と合意していたことが判明しました。しかし、その開示文書（各小中学校長宛てに出された購入条件に関する通知）の日付である一月二四日からわずか一週間も経たないうちにＪＡ全農が福島県産米の販売価格を60キログラム当たり５００円値下げしたとの報道がなされました（『日

本農業新聞一月三一日版参考』)。

このような地元産新米の購入価格をめぐる不可解な動きから、郡山市の学校給食が販売不振に陥っている地元産新米の受け皿になっている実態が懸念されます。

b　緊急再調査の問題点

昨年一一月、福島市で暫定基準値を上回る放射線量検出に端を発して、福島県が新米の緊急再調査を実施しましたが、その際、郡山市の一部の地域(大槻町、喜久田村、富久山町、御舘村、赤津村、河内村、日和田町)も含まれたため、その検査結果について、郡山市のホームページは次のとおり、報告しました(郡山市の米の放射性物質緊急調査の結果について)。

「郡山市の米からは、食品の暫定規制値を超えるものは検出されておりません。」

しかし、一言、こう報告するだけで、いったい何ベクレル／キログラムだったのか測定値を明らかにしようとしません。その頁で紹介されている福島県の文書「米の放射性物質緊急調査の結果(第17報)について」にも、測定値は明らかにされていません。

この姿勢は、緊急再調査のなかで、福島県の測定で郡山市の農家2戸の検体から、108ベクレル／キログラム(一月六日測定)と159ベクレル／キログラム(同一六日測定)が検出され、後に「検出されず」に訂正された問題(5)も、郡山市保健所は、測定した値をついに明らかにしようとしませんでした。

こうした郡山市の情報非開示の姿勢は終始、首尾一貫していて、これが郡山市民の終始、首尾一貫した不信感を形成する最大の原因となっているのです。

c　市民による放射能測定の結果

他方で、三・一一以後、各地で「市民の、市民による、市民のための」自主的な放射能測定が始まりました。郡山市にも、昨年八月一九日、市民放射能測定所の「にんじん舎」(郡山市片平町字中町にんじん舎かたひら農場中町作業所内)が開設され、そこで明らかにされた、放射性セシウムが10ベクレル／キログラ

5　福島県水田畑作課の報道用文書「郡山市産玄米の放射性物質緊急調査測定結果の一部訂正について」

ム以上の可能性がある米は左表の8件です（本年五月二二日現在）。

産地は全て郡山市　測定機器は AT1320A。測定値の単位はベクレル／Kg

ID	産地	品名	Cs134	Cs137
1204	富久山町八山田	H23年 コシヒカリ精米	3.00±2.11	5.51±2.83
3913	片平町	H23年 精米	3.13±2.18	7.77±3.19
1216	同上	玄米	3.71±2.23	14.50±4.20
1034	富久山町八山田	玄米	7.38±2.73	6.31±3.24
1335	同上	H23年 玄米	3.35±2.16	6.89±3.05
3912	片平町	H23年 玄米	<2.59	7.45±3.08
2500	富久山町福原	H23年もち米(玄米)	13.10±3.70	22.60±5.90
2501	富久山町福原	H23年もち米(精米)	4.84±2.45	9.09±3.66

野菜についても、郡山市の上記「にんじん舎」の測定により放射性セシウムが10ベクレル／キログラム以上の可能性があるものとされたものは9件ありました（本年五月二二日現在）。

d　まとめ

以上から、「地産地消」の郡山市の学校給食に、これら10ベクレル／キログラム以上と同様の放射能に汚染された米や野菜が提供される可能性は否定できません。

（3）　郡山市から予想される反論とその吟味

これに対しては、郡山市から次の反論が予想できます。

「かりにそうだとしても、それらの値はいずれも米や野菜の安全基準である１００ベクレル／キログラムよりはるかに小さい値だから問題ない」

しかし、本来、食品・水の安全基準の基本原理は「最善を尽くすこと」であって、「がまん量」ではありません。ところが、三・一一原発事故以来、食の安全基準として導入された基準値は従来の食の安全の基本原則とは相容れない「がまん量」（リスク－ベネフィット論）に立脚するもので、その考え方は食の安全基準として本来間違ったものです。

東京大学アイソトープ総合センター長の児玉龍彦氏が喝破したとおり、「危機管理の基本とは、危機になったときに安全基準を変えてはいけないということ」であり、この原理に立ち返って、もっぱら「人体に悪影響を示さない量（無毒性量）」からスタートする本来の食の安全の基本原則を立脚すれば、「安全な被ばく量というものはない」のですから、放射性物質はゼロでなければならないものです。

したがって、「１００ベクレル／キログラムよりはるかに小さい値だから問題ない」では到底、済まないのです。

この意味で、とくに放射能に感受性の高い子どもたちは、放射性物質ゼロの安全な食物が確保できる環境を実現することが緊急の課題です。

この点でも、疎開措置を即刻すすめることがこの緊急課題のもっとも明快な解決方法であることは改めていうまでもありません。

以上、子どもたちに迫っている危険な事態を、現実から目をそらさず、事実（科学）と倫理（人権）の基本原則に立ち返って抜本的に解決しようと考え抜けば、解決方法は自ずと明らかな筈です。

6　100ミリシーベルト問題に三・一一以前の山下見解で決着をつける証拠を提出

ここでは、3点を証拠として提出しました。

（1）視差のなかで考える――欺瞞を避け、認識能力を真の位置に置くための唯一の手段――

三・一一以降、私たちを襲った最大のものは福島原発事故から放出された大量の放射性物質、そしてもう一つ、さまざまな所から放出された大量のマインドコントロールされた情報でした。

欺瞞を避け、正しくものを考え、判断するためにはどうしたらよいか？　三・一一以降くらい、多くの市民にとってこれ以上切実な課題はなかったと思われます。これについて、いまから250年ほど前、カントは次のように語りました。

「さきに、私は一般的人間悟性を単に私の悟性の立場から考察した、いま私は自分を自分のではない外的な理性の位置において、自分の判断をそのもっともひそかな動機もろとも、他人の視点から考察する。両者の考察の比較は確かに強い視差を生じはするが、それは光学的欺瞞を避けて、諸概念を、それらが人間性の認識能力に関して立っている真の位置におくための、唯一の手段である」（カント全集第3

巻『視霊者の夢』)。

要するに「視差」(ズレ)のなかで考えることが光学的欺瞞を避けるために不可欠なので、それは二つの異なった立場からの考察を比較することによってえられる、というわけです。

この方法が有益であることを示す有名な例が、約百年前、アインシュタインが後に「生涯で最高のアイデア」と語った彼の「エレベーターの思考実験」です。人はエレベーターのなかにいてなかの情報しか知らない限り、はたしてそのエレベーターはロープが切れて落下しているのか、それとも重力のない宇宙空間で浮かんでいるのか、そのいずれかを判断することができない、それを正しく判断するためには、「エレベーターの外」というもう一つ別な立場からの考察を加える必要があり、「エレベーターのなか」とのズレ(視差)のなかで考える必要があるのです。

(2) チョムスキーの考察方法:九・一一は、それ以前に九・一一を経験した人にとって別に目新しくはなかった

カントのこの教えにもっとも忠実な人物がノーム・チョムスキーです。彼は、私たち市民が、《民主主義が高度に発達した「自由主義社会」において、全体主義国家にひけをとらぬような思想統制(マインドコントロール)》がマスメディアらの手によってどのように実現しているかを考察し続けてきた人物です。と同時に彼は、どうしたら、このマインドコントロールの呪縛から逃れられるかという問題を考え抜いてきました。彼が採用した方法はカントの「視差のなかで考える」のと同じものでした。例えば、九・一一事件は大きなショックを全世界に与え、多くの市民が九・一一事件をどのように評価したらよいのか途方に暮れました。そのとき、チョムスキーは次のような考察を語りました。

――九・一一は残虐非道の行為でした。しかし、欧米や日本以外の地域ではとくに目新しいことだと

は思わないでしょう。なぜなら、あれは帝国主義国家が他の国々を何百年にもわたって扱ってきたやり方だからです。パナマでは、メディアが「目新しい事件ではない。我々も、エル・チョリージョ街（労働者が住む人口密集地域）爆撃で、３千人が殺された」と報道しています。一九八九年のアメリカのパナマ侵攻で、時の独裁者ノリエガを逮捕するために、貧民街への空爆を行なったのです。そういうことをよく知っているので、「自分たちがこれまでずっと我々にしてきたことをよく見なさい」となります。

つまり、ほかの人々がアメリカに対しやった九・一一事件は、アメリカが世界のほかの人々に対してやってきたこと（ベトナム戦争など）と対比して考察することによって正しい評価がえられるのです。

そして、１００ミリシーベルト問題も基本的にはこれと同じ問題です。

(3)　100ミリシーベルト問題の正しい評価

「ミスター・１００ミリシーベルト」として一躍有名になった福島県放射線健康リスク管理アドバイザーの山下俊一氏は、三・一一以来、福島県内で精力的に講演会を行い、「１００ミリシーベルトまでは大丈夫。避難する必要はない。笑っていれば被害が少ない」といった発言をし、県民に絶大な影響を及ぼしました。のみならず、疎開裁判においても、被告の郡山市すらためらった「１００ミリシーベルトまでは大丈夫」という主張を、裁判所（福島地裁郡山支部）は郡山市になり代わって採用して「避難する必要がない」という結論を導く際の第一の理由に活用するという風に、多大な貢献を果しました。

しかし、三・一一以後、ミスター・１００ミリシーベルトによって大量に放出された「１００ミリシーベルトまでは大丈夫」という主張に対する最大の批判者は、ほかならぬミスター・１００ミリシーベルト自身でした、ただし三・一一以前の。つまり、三・一一以前の山下氏の見解を鏡にして、三・一一以後の山下氏の見解「１００ミリシーベルトまでは大丈夫」を映し出すことによって、ズレ＝視差が明らかとなり、正しい評価が可能になります。それが次の二つの論文です。

ⓐ「チェルノブイリ原発事故後の健康問題」(6)

この論文のなかで、彼はこういっています。

「4．今後の展望

チェルノブイリ周辺住民の事故による直接外部被ばく線量は低く、白血病などの血液障害は発生していないが、放射線降下物の影響により、放射性ヨードなどによる急性内部被ばくや、半減期の長いセシウム137などによる慢性持続性低線量被ばくの問題が危惧される。現在、特に小児甲状腺がんが注目されているが、今後、青年から成人の甲状腺がんの増加や、他の乳がんや肺がんの発生頻度増加が懸念されている。」（3頁）

ⓑ「放射線の光と影：世界保健機関の戦略」(7)

この論文のなかで、彼はこういっています。

「その結果、事故当時0〜10歳の子どもに生涯続く甲状腺の発がんリスクがあることを疫学的に、国際的な協調のなかで証明することができました。」（535頁右段）

「いったん被ばくした子どもたちは生涯続く甲状腺の発がんリスクを持つということも明らかになりました。」（537頁左段）

「小児甲状腺がんのほとんどは、染色体が二重鎖切断された後、異常な修復で起こる再配列がん遺伝子が原因だということがわかりました」（538頁左段）

「主として20歳未満の人たちで、過剰な放射線を被ばくすると、10〜100ミリシーベルトの間で発がんが起こりうるというリスクを否定できません」（543頁左段。再録にあたり単位をカナ標記）。

ここで問題にしている「事故当時0〜10歳の子ども」たちの被ばくは、最初の論文の引用文で指摘しているように、いずれも100ミリシーベルト以下の低線量被ばくのことです。

つまり、山下氏は、三・一一以前は、「チェルノブイリの教訓を過去のものとすることなく、『転ばぬ先の杖』としての守りの科学の重要性を普段から認識する必要がある。」

6　原子力委員会長期計画策定会議第五分科会（第5回）配付資料。二〇〇〇年
7　二〇〇八年第22回日本臨床内科医学会の特別講演要約。『日本臨床内科医会会報』23巻5号532〜544、二〇〇九年）

と述べて、チェルノブイリの研究・考察から、100ミリシーベルト以下の低線量被ばくでも、20歳未満の子どもたちなら「発がんが起こりうるというリスクを否定できません」と証言しました。

しかし、ひとたび、ほかならぬ彼のお膝元の日本で原発事故が起きるや、ひたすら《チェルノブイリの教訓を過去のものとすること》に努め、チェルノブイリに対して適用した科学的な知見を我が国の福島に適用することを拒否しました。つまり、三・一一以前の自らの見解を撤回・変更しました。

だが、このような撤回・変更に正当性はあるのでしょうか。

その検証のために、東京大学アイソトープ総合センター長の児玉龍彦氏が述べた、

「危機管理の基本は、危機になった後で安全基準を変えてはいけないということです。安全基準を変えていいのは、安全性にかかわる重大な知見があっただけ」である(8)。

という「リトマス試験紙」にこれを当ててみる必要があります。つまり、三・一一のあと（厳密には上記の二〇〇九年の論文のあと）、山下氏は100ミリシーベルト問題で「安全性に関する重大な知見」を見つけ出したでしょうか。そんな話は聞いたことがありません。三・一一以後、彼は、共著論文を発表はしていますが、100ミリシーベルトに関して新しい知見を記した論文をどこにも発表していません。

そうだとすると、三・一一以後の彼の見解の撤回・変更は、危機管理の基本原則に反する、科学者としてあるまじき振る舞いということになります。

むしろ、三・一一以後、現代科学の到達点として世界標準となっている「LNT仮説、閾値なし」（放射線の被ばく線量と健康障害の間には、しきい値がなく直線的な関係が成り立つという考え方）の見解を唯一受け入れようとしなかった日本原子力ムラですら、昨年一二月、ようやくこれを受け入れる論文(9)を公益財団法人放射線影響研究所（放影研）が発表しました。だから、三・一一以後の山下見解

8　昨年一一月二五日、細野豪志環境大臣が主催する「第４回低線量被ばくのリスク管理に関するワーキンググループ」

9　論文「原爆被害者の死亡率に関する研究　第14報　1950-2003年：がんおよびがん以外の疾患の概要」三月にアメリカ放射線影響学会誌 Radiation Research に掲載。放影研のホームページで日本語要旨と詳細な付録表と文書を含むデータがみられる）。

を支持する人は日本原子力ムラでもごく少数の者だけとなってしまいました。

（4）まとめ

三・一一以後の山下氏の「100ミリシーベルトまでは大丈夫。避難する必要はない。笑っていれば被害が少ない」という見解の正当性は、三・一一以前の彼自身の見解と比較検討することによって明らかにされるという方法は別に私たちの専売特許ではありません。例えば、前述の児玉氏がすでに次のように指摘していることです。

「山下氏は、福島原発事故以前は、学会で、放射能を使うPETやCT検査の医療被ばくについては、2ミリシーベルト程度の自然放射線と同じレベルについても、『医療被ばくの増加が懸念される』と述べ(10)、学問的には危険性を認め対応を勧めている。」（『放射能から子どもの未来を守る』9～10頁）

では、このミスター・100ミリシーベルト見解は、これを正しく見抜いた福島の人たちに、どのような感情を呼び覚ましたでしょうか。これについても、上記の児玉氏が引用する、福島在住の医者の奥さんの感想を紹介します。

「そのお医者さんの奥さんが『これはおかしい』と思ったのは、山下先生たちはチェルノブイリで牛乳を飲んだ子どもたちの甲状腺がんが増えたことを知っているし、医療用の放射線被ばくの危険性についても著作で書かれている。そういう専門家の説明会だというのに、『放射線の影響は、ニコニコ笑っている人にはきません。クヨクヨしている人にきます』などといっている。その瞬間に、地獄を見た思いがしたそうです。だって、チェルノブイリに4千人の子どもの甲状腺がんが出たといい、それを調査するのに日本の研究者である自分たちも貢献しましたと書いているわけです。なのに、『大丈夫』ということをいうために、わざわざ福島までやって来ている。これはどういうことなんだろう？……」（『放射能から子どもの未来を守る』64頁）

三・一一を境に、それまでの黒（危険）を白（安全）

10 『正しく怖がる放射能の話』（長崎文献社、2011）、『長崎醫學會雜誌』（長崎大学） 81特集号（2006）

といい、その結果、真実を知らない多くの人々がむざむざと危険な目に遭わされることになるのを目撃したこの女性が、世界の善と悪が入れ替わったのではないか、ミスター・100ミリシーベルトのおかげで我々は地獄に落ちてしまったのではないか、頭が完全におかしくなっているのは私なのかそれともミスター・100ミリシーベルトの方なのかと煩悶せざるを得なかったのは当然です。

もしこの女性が、昨年一二月に裁判所（福島地裁郡山支部）が下した却下決定の第一の理由として、このミスター・100ミリシーベルト見解が掲げられているのを知ったら、きっと次のように思ったでしょう。

「三・一一以前の山下氏がチェルノブイリで低線量被ばくをした4千人の子どもたちに甲状腺がんが出たといい、医療用の放射線被ばくの危険性についても著作で書かれているのに、三・一一以後突如として『100ミリシーベルト以下なら危険の証明がない』といい出した言葉を鵜呑みにして、裁判所が『避難しなくても大丈夫』と判断したのなら、その瞬間に、裁判所にもまた地獄を見た思いがした。」

きっと彼女には、三・一一を境に、裁判所も「人権の最後の砦」から「地獄の砦」に変質したとしか思えないからです。

チョムスキーは、常々、偽善者とは「他人に対して適用する基準を、自分自身に対しては適用しない人間のこと」だと定義し、それは道徳・倫理のもっとも根本的な問題であるといいます。例えば、アメリカは自国がベトナムやパナマを空爆しどれほど残虐非道なことをしても許されると考えるのに、他国がこれと同様なこと、九・一一のような攻撃をアメリカに加えることは決して許されないと考える態度のことです。ミスター・100ミリシーベルトはこの意味で正真正銘の偽善者です。なぜなら、チェルノブイリに対して適用した科学的な知見（100ミリシーベルト以下の低線量被ばくでも、子どもたちには「発がんが起こりうるというリスクを否定できません」）を自国の福島に適用することは拒否したからです。偽善者の見解が科学的な知見たり得ないことはいまさらいうまでもありません。

除染は壮大なまやかし？

ふくしま集団疎開裁判の会

武本　泰（郡山市在住）

福島原発事故の直後から、行政や一部の専門家が、まずは除染することが大切、除染することで安全に住めるようになると説明した。事実、今年三月の郡山市議会で、市長は高らかに「次年度は復興元年、除染元年」と謳いあげ、本年度一般会計当初予算の、実に20％に当る約330億円を除染関連費用として計上した。

しかし、半年も経たないうちにこれら除染計画は暗礁に乗り上げた。つまり、除染には効果的な技術の確立や、仮置き場の設置が不可欠であるが、いずれも解決する目途が立っていないからだ。そのため、個人住宅の本格的な除染に着手できず、農地、山林の除染はモデル除染の途に就いたばかりだ。

それればかりか、郡山市では市民協働による除染の結果、住民の二次被ばくの危険性が指摘され、さらに除染後の土砂を市内約600ヵ所に地下埋設して保管しているため、地下水への汚染も懸念されている。

郡山市の面積は、東京都の3分の1を占める大きさだ。十分な効果がえられない除染技術と、確保できない仮置き場の現実の狭間で、果たして、その広大な地域をいつまでに除染して安心して住める地域に変えられるというのだろうか。

この非現実的な話のなかで、郡山市の子どもたちは、放射能の危険に怯えながら被ばくし続けることになる。そもそも、除染の目的は、更なる無用な被ばくを最小限に留めることで、健康被害を防ぐことにあるはずだ。正に、除染は郡山市の子どもたちを疎開・避難させないための産学官による壮大なまやかしと邪推せざるを得ない。

21 福島 福島 2012年（平成24年）8月11日（土） 毎日

郡山・除染事業

線量達成は一部

池ノ台の100戸終了 工程見直しも

郡山市最初の除染事業の対象となった池ノ台地区約100戸を対象とした作業が10日終了した。多くの建物で線量を半減させたものの、同地区の空間線量は毎時1・5マイクロシーベルトと市内で最も高く、環境省が求めた「同0・23マイクロシーベルト以下」を達成したのは一部にとどまった。市は月内に結果をまとめ、今年度中に予定している計約2万5000戸の除染方法を検討する。

市原子力災害対策直轄室は、今回の除染の低減率を「50%」に見据えて着手した。しかし、福島第1原発事故から1年以上がたち、コンクリートなどの建築部材に放射性セシウムの浸透が進んでいることから、事故直後は効果があるとされた高圧水を吹き付ける除染方法の限界も浮かび上がった。

また、池ノ台地区の除染廃棄物は各戸で保管し、全作業を先月下旬に終える予定だった。しかし、都市部のため各戸の敷地の多くは狭く、埋設保管を地上保管に変更したり、庭の砂利を除去するのではなく洗浄に変更したりと、工程表通りに進めることの難しさも判明した。

さらに、国のガイドラインにはない、汚染水の同時回収と処理を行ったことでコストも膨らみ、時間的にも予算的にも今年度計画戸数の見直しを迫られる可能性がある。

市は当面、今回の池ノ台地区の再除染はせず、池ノ台地区の他の世帯や愛宕、深沢、豊田などの周辺地区で9月にも住民説明会を行い、同意が取れ次第作業を始める。ただ、これらの地区は二つの大きな池の近くにあり、国が認めていない池の除染についても、住民側から早期着手を求められるとみられる。【栗田慎一】

福島 FUKUSHIMA
fukushima@mainichi.co.jp
福島支局
〒960-8034

毎日新聞8月11日の記事

第5章　人々の声

1　当事者の声

原告の母

風の便りで、市長さんには中学生のお孫さんがいらっしゃると聞きました。そのお孫さんを放射能から守るために自主避難させているということを知りました。

私にも同じ中学生の息子がおります。しかし、主人の仕事のため自主避難はできずにいます。

せめて、市長さんが、ご自分のお孫さんと同様に、郡山の子どもたちも放射能から守るために集団避難させることにしてくださり、子どもたちの命を守ってくだされればどんなにいいだろう、と願わずにはいられません。

（二〇一一年一〇月一五日）

2　意見書　いま、福島の子どもたちに何が起きているか？
――甲状腺障害、呼吸機能、骨髄機能をチェルノブイリ原発事故などの結果から考察する――

深川市立病院内科・医学博士　松崎道幸

（甲状腺障害の項のみ抜粋。本書用に一部補正）

甲状腺障害

（1）平均年齢が10歳の福島県の子どもの35％にのう胞が発見された

福島第一原子力発電所事故の影響を明らかにするために実施中である「福島県民健康管理調査」における福島の子どもの甲状腺検診調査結果（本年四月二六日発表分）を概述します。

発表された検査の実施状況と結果概要は別紙1

（省略）のとおりです。これによれば、甲状腺検診を受けた子どもの年齢分布は、０～５歳９８２６名、６～10歳１０６６２名、11～15歳１１４６６名、16～18歳６１６０名でしたので、平均年齢は10歳（小学４、５年前後）というところです。

実際の検診所見をまとめると、下表のとおりです。「結節」が１％、「のう胞」が35・１％でした。

福島県の乳幼児から高校生までを対象とした調査で、甲状腺超音波検査による「のう胞」保有率が高いのか低いのかについて、過去に報告された調査研究成績をもとにして述べたいと思います。

（２）長崎県の７歳から14歳の子ども２５０人中、甲状腺のう胞が見られたのは０・８％（２人）だった（山下俊一氏調査）

福島県立医科大学副学長山下俊一氏らのグループが二〇〇〇年に長崎県の子ども（７～14歳）２５０人を、超音波で調べたところ、のう胞を持っている子どもは二人（０・８％）でした（別紙２の論文５９３頁。省略）。

判定結果		判定内容	人数（人）	割合（%）	
A判定	（A1）	結節や嚢胞を認めなかったもの	24,468人	64.2%	99.5%
	（A2）	5.0㎜以下の結節や20.0㎜以下の嚢胞を認めたもの	13,460人	35.3%	
B判定		5.1㎜以上の結節や20.1㎜以上の嚢胞を認めたもの	186人	0.5%	
C判定		甲状腺の状態等から判断して、直ちに二次検査を要するもの	0人	0.0%	

判定結果		人数（人）	割合（%）	計
結節を認めたもの	5.1㎜以上	184人	0.48%	386人（1.0%）
	5.0㎜以下	202人	0.53%	
嚢胞を認めたもの	20.1㎜以上	1人	0.003%	13,380人（35.1%）
	20.0㎜以下	13,379人	35.10%	

(3) 甲状腺のしこりやのう胞は、生まれた時はほとんどゼロだが、5歳過ぎから徐々に増え始め、20歳になると10人に一人が甲状腺にしこりやのう胞ができる（ニュー・イングランド・ジャーナル Mazzaferri 氏論文）

この論文によれば、主に米国人を対象に超音波検査や解剖検査で調べると、甲状腺の「結節nodule」（この論文では腫瘍とのう胞をまとめて結節と定義している）は、生まれた時はほとんどゼロですが、5歳過ぎから年齢に比例して、徐々に増え始め、20歳になると10人に一人が甲状腺にしこりやのう胞を持っている状態となっていました（下図参照：上記論文の図1より作成。黒丸印は、超音波検査または解剖による頻度。中抜き四角印は、触診による頻度）。また、「結節」の25～35％が「のう胞」だったと述べられています。

このグラフを見ると、10歳前後の子ども集団の甲状腺「結節」の頻度はせいぜい1～2％となります。そのうち25～35％が「のう胞」ですから、のう胞保有率は0・5～1％程度と考えられます。

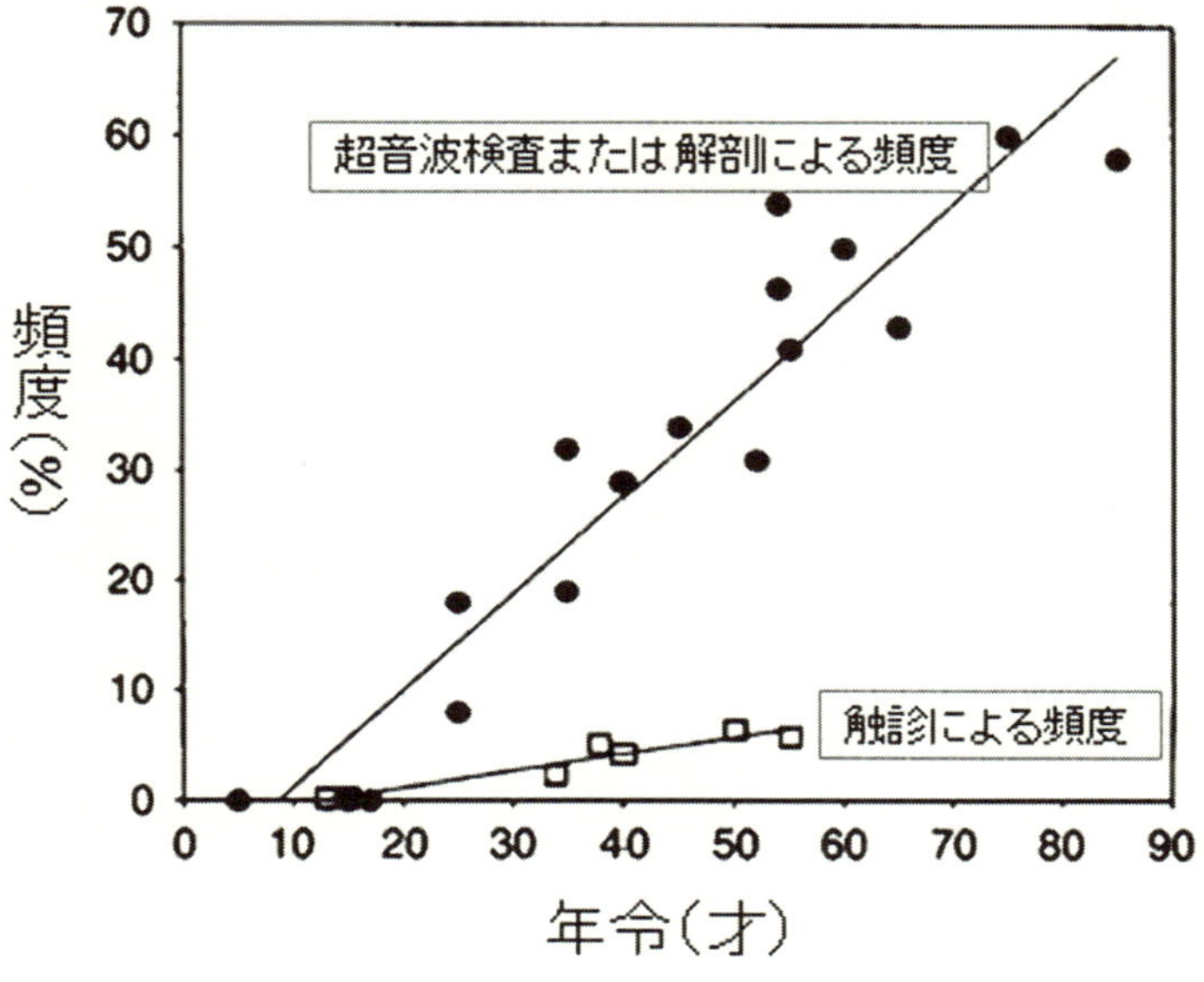

（４） ベラルーシのゴメリ州の18歳未満の子どもの甲状腺のう胞保有率は０・５％だった（日本財団調査）

福島県立医科大学副学長の山下俊一氏が、チェルノブイリ原発事故の５年後から10年後まで放射線被ばくの著しいベラルーシのゴメリ州とその周辺で、のべ16万人の子どもの甲状腺を超音波で検査しました。

この調査では、「結節」と「のう胞」を分けて記載していますので、「結節」＝充実性の腫瘍という意味になります。その結果、０・５％にのう胞が、同じく０・５％くらいに「結節（充実性腫瘍）」が見られたということでした。（下図は、日本財団のＵＲＬから取得した資料です。）

（５） 福島調査の「のう胞」保有率は、過去のどの調査よりも高率である

以上の四つの調査成績を一覧表（次頁）にまとめてみると、今回発表された「福島県民健康管理調査」の子どもの甲状腺検診の結果は、驚くべきものであ

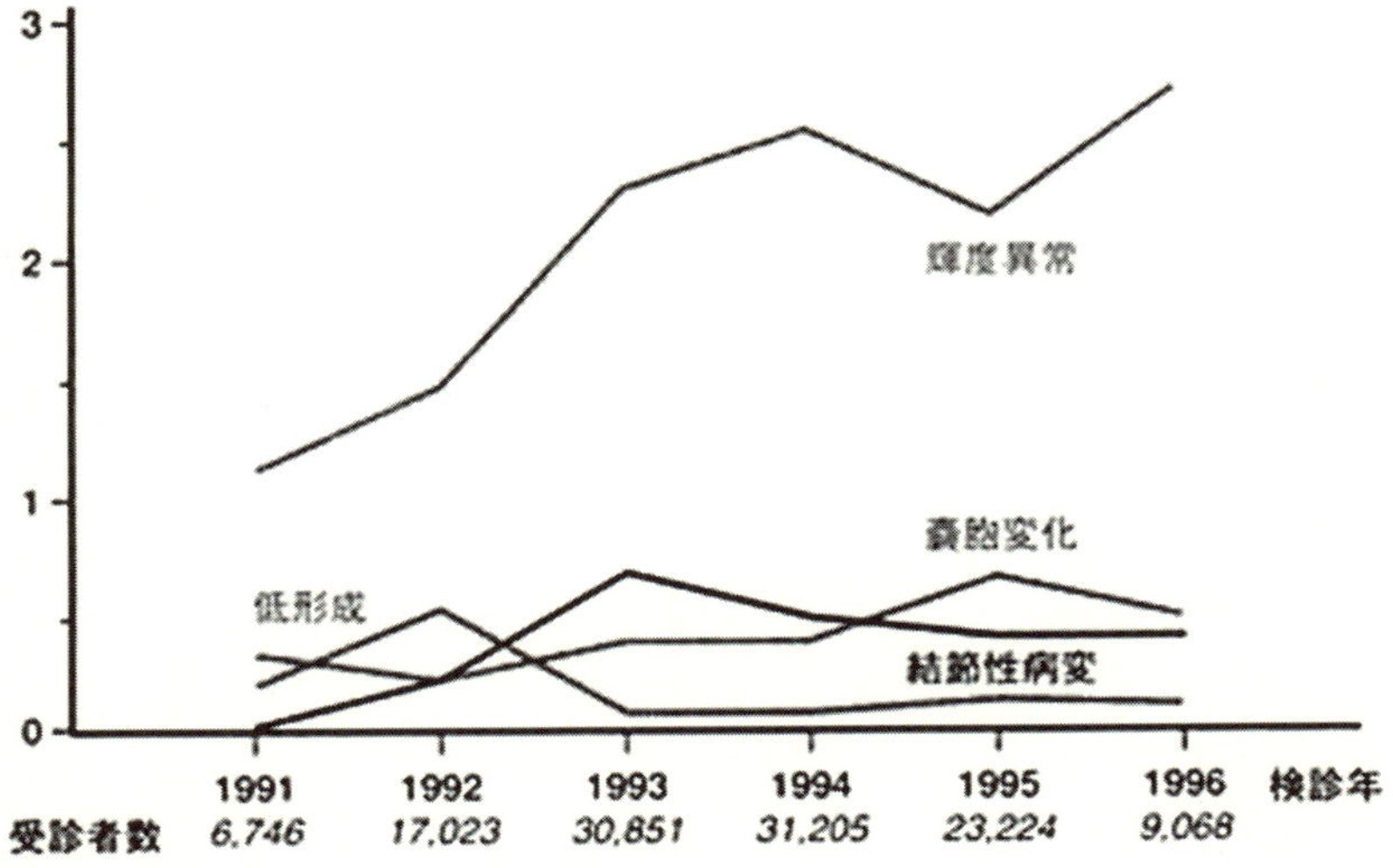

図11　甲状腺超音波診断画像異常所見発見頻度（%）の年次推移（1991～1996）

ることが分かります。3分の1の子どもの甲状腺に「のう胞」ができていたからです。「のう胞」とは液体のたまった袋です。これがあるからといって、直ちに甲状腺がんが起きる恐れがあるとはいえませんが、甲状腺の内側に何か普通とは違ったこと（ただれ＝炎症あるいは細胞の性質の変化）が起きていることを指し示していると考える必要があります。

(6) 小括

①内外の甲状腺超音波検査成績をまとめると、10歳前後の小児に「のう胞」が発見される割合は、0・5～1・0％前後である。

②福島県の小児（平均年齢10歳前後）の35％にのう胞が発見されていることは、これらの地域の小児の甲状腺が望ましくない環境影響を受けているおそれを強く示す。

③以上の情報の分析および追跡調査の完了を待っていては、これらの地域の小児に不可逆的な健康被害がもたらされる懸念を強く持つ。

④したがって、福島の中通、浜通りに在住する幼小児について、避難および検診間隔の短期化など、予防的対策の速やかな実施が強く望まれる。

検討対象	事故による放射線被ばく	のう胞保有率
1福島県0～18歳児（平均年齢10歳）	あり	35%
2長崎県7～14歳児	なし	0.8%
3米国など10歳児	なし	0.5～1％
4チェルノブイリ原発周辺18歳未満児	あり	0.5%

⑤以上の所見に基づくならば、山下俊一氏が、全国の甲状腺専門医に、心配した親子がセカンドオピニオンを求めに来ても応じないように、文書を出していることは、被ばく者と患者に対する人権蹂躙ともいうべき抑圧的なやり方と判断せざるを得ない。

（以下、略）……

（二〇一二年五月一九日）

3 マスコミがほとんど報道しない「ふくしま集団疎開裁判」に、ぜひご支援を（二〇一二年八月二四日文科省前抗議行動スピーチ）

弁護団　井戸謙一

みなさん、こんばんは

弁護士の井戸といいます。滋賀県から来ました。毎週、ネットでみなさんを応援していましたが、いてもたってもおられず、やってきました。

三・一一はショックでした。しかし、私は、この国が、市民を守ろうとしないことにもっとショックを受けました。子どもたちにヨウ素剤を飲ませず、SPEEDI（緊急時迅速放射能影響予測ネットワークシステム）の情報を隠して住民に高濃度の被ばくをさせ、挙句の果てが子どもたちに年20ミリシーベルトまで被ばくさせるという政策です。年20ミリシーベルトは、18歳未満立入り禁止とされる放射線管理区域よりもはるかに高濃度です。チェルノブイリでは年5ミリシーベルトを超える地域は、強制避難の対象とされたのです。

三・一一のあと、私は、この国の政府が国民の大多数の意思を平然と無視することにショックを受けました。60年安保のとき、当時の岸信介首相は、国会に押し寄せているのは一部の国民で、サイレントマジョリティは政府を支持しているといいました。しかし、いまや、脱原発がサイレントマジョリティも含め国民の多数の意思であることは明らかです。政府は、それをどうして平然と無視できるのか。どうして、原子力規制委員の過半数を原子力ムラの住人とするような人事案を出せるのか。彼らは一体何のために、誰のために政治をしているのか。

私たちは、フクシマのような事態を二度と起こさせてはなりません。そして、それと同時に、福島の人々、とりわけ福島の子どもたちを支援しなければなりません。健康な子どもが2割しかいないというベラルーシやウクライナの今日の状況は、このままいけば福島の明日になってしまいます。なぜ、政府は、チェルノブイリの教訓に学ばないのでしょうか。

すでに健康被害の兆候はあちこちに表れています。放射能を浴びるのは少なければ少ないほどいい。遅すぎるということはないのです。いまからでも、福島の子どもたちを安全な地域に逃がすべきです。

郡山の子どもたちが、郡山市に対し、疎開させてほしいという裁判をしています。ふくしま集団疎開裁判といいます。私もその弁護団に入っています。一審では却下されました。いま、仙台高裁で審理中です。マスコミはほとんど報道しません。ぜひ、皆さんのご支援をお願いします。

文科省前でスピーチする井戸謙一氏

4　なぜ福島の子どもたちの集団疎開は検討すらされないのか（二〇一二年八月二四日官邸前抗議行動スピーチ）

弁護団　柳原敏夫

一昨日の八月二二日、私たちがこの間取り組んできた「ふくしまの子どもたちの集団避難の即時実現」、この申入書を野田首相に手渡すことができました。これは首都圏反原発連合とここに集まった大勢の皆さん一人ひとりの力のおかげです。ありがとうございました。

しかし、今日現在まで、野田佳彦首相は、集団避難の即時実現を検討するように閣僚に指示していません。野田首相は誰ひとり住んでいない竹島問題ならすぐ動くのに、大勢の子どもたちが住み、彼らの命がいま危険にさらされている福島問題でちっとも動こうとしない。それはなぜか。

その訳は、日本政府がチェルノブイリ原発事故から学び尽くしていて、子どもたちの集団疎開はタブーとすると決めているのです。なぜなら、チェルノブイリ原発事故でソ連政府がもっともタブーにした一つが子どもたちの被ばくデータだからです(1)。いま私が手にしているのはチェルノブイリ事故で多重先天障害を負った子どもたちの写真ですが、このような子どもたちの被ばくに関するデータが明らかになると、原発事故で子どもたちがどれほど深刻な、どれほど悲惨な被害を受けるか、これが人々の前に明らかになります。なおかつ、深刻な被ばくから子どもたちを救うために集団避難を実施するとどれくらい大規模なプロジェクトになるか、これが人々の前に明らかになります。その結果、誰もが、二度と、決して、原発事故はあってはならないと、深く確信するようになるからです。そして、二度とこのような悲惨な事故を起こさないために二度と原発は稼動してはならない、廃炉にするしかないと、深く確信するようになるからです。多くの人々がこの不動の確信をすることを、ソ連政府も日本政府ももっとも怖れているのです。だから、子どもたちの被ばくデータを隠すのです。

ソ連政府は、事故から5年後に子どもたちの深刻な健康被害が明らかになってから、ようやくまともな住民避難基準を採用しました。しかし、それでは遅すぎました、98万人もの貴い命が失われたからです。そして数ヵ月後にソ連も崩壊しました。子どもの命を粗末するような国に未来はないからです。

この事実こそ日本政府はチェルノブイリ原発事故の最大の教訓として学ぶべきです。つまり、５年後ではなく、いますぐふくしまの子どもたちの集団避難を実行すべきです。さもなければチェルノブイリより人口密度が15倍の福島県で（たとえ福島第一原発の東半分が海だとしても）どんな悲惨な被害が生じるか、それは一年を経ずして35％もの福島の子どもたちの甲状腺に異変が見つかったひとことからも明らかです。もちろん日本政府も崩壊です。こんな粗大ゴミ、誰も支持しないからです。

しかし、こうした異常な事態はいまだったら、まだ間に合うのです。防げるのです。

1　七沢潔『原発事故を問う —— チェルノブイリからもんじゅへ』137 頁

最後にもう一度いいます。日本政府は粗大ゴミになり果てたくなかったら、いますぐ、ふくしまの子どもたちの集団避難の即時実現に向けて行動せよ。

そして、市民の皆さんにもいいます。皆さん、いまこそ、「ふくしまの子どもたちの集団避難」を多くの人々に訴え、日本政府がいまもっとも恐れている、たとえどんな迫害を受けても決して脱原発の決意を曲げることのない、脱原発の不屈の信念を持った人に、多くの人々になってもらおうではありませんか。

5 ふくしま集団疎開裁判の現地から見えてきた「国際原子力ロビー」

ふくしま集団疎開裁判の会代表
井上利男（郡山市在住）

郡山の街外れ、わたしの居住する県営住宅の外で刈払い機が唸っている。請負の作業員が夏草を刈っているのだろう。暑い夏の日差しのなか、マスクも着けない軽装で……。

外に出てみると、子どもたちの姿。どこにでもある日常的な光景である。だが、手元の線量計の値は、毎時0・83マイクロシーベルト（次頁の写真）。ここは、防護服で身を包み、マスクを着用した作業員以外の部外者の立ち入りが禁止される放射線管理区域(2)に該当するはずだ。

県の住宅管理当局や市の行政機関、あるいは政府の担当部局が、このような状況のなかに幼い子どもたちを放置しているのは、なぜだろう。

昨年一一月二八日、内閣官房「低線量被ばくのリスク管理に関するワーキンググループ（WG）」第五回会合において、国際放射線防護委員会（ICRP）科学事務局長クリストファー・クレメント、主委員会委員ジャック・ロシャール両氏が、居並ぶ「有識者」らや細野豪志特命大臣をはじめとする担当官らを前に「低線量被ばくに関する国際的なポリシー」について講義した。

いわく、クレメント「事故後の緊急時被ばく状況における公衆防護基準は年間20～100ミリシーベ

2　放射線管理区域とは毎時0.6マイクロシーベルトを超えるおそれのある地域のこと（16頁の脚注参照）。

ルト、その後の現存被ばく状況では1～20ミリシーベルト」。そして、ロシャール「チェルノブイリ原発事故で被災した住民の大多数は被災地域に留まる決心をした」。

WG最終会合となった第八回は同年一二月一五日に開催されている。野田佳彦首相が福島第一原発事故の「収束」を宣言したのは、翌一六日のことである。そして同じ一六日、福島地裁郡山支部は、「年間100ミリシーベルト未満の低線量被ばくによる健康への影響は実証的に確認されていない」として、安全な環境での教育を求める子どもたちの申立てを却下した。

「事故収束宣言」以降に相次いだ、川内村の帰村宣言、避難区域の見直し、学校などの屋外活動時間制限の解除、高校野球福島県大会の「例年通り」開催、屋外プール授業の再開、大飯原発再稼動、田中俊一氏らの原子力規制委員会人事の内定など、一連の動きの背後にICRPによるお墨付きがあったのは、上記の経緯から容易に読みとれるだろう。

そのＩＣＲＰが勧告する放射線被ばく防護の基準とは、故中川保雄氏の遺した名著『増補版・放射線被ばくの歴史』によれば、「核・原子力開発のためにヒバクを強制する側が、それを強制される側に、ヒバクがやむをえないもので、我慢して受忍すべきものと思わせるために、科学的装いを凝らして作った社会的基準であり、原子力開発の推進策を政治的に支える手段」にすぎないものなのだ。

先日、遠来の客人の願いにより、いわき市久之浜の津波被災地に向かった。夏草生い茂る住宅街跡地の光景が広がるなか、穏やかな太平洋を背にして、傷んだ護岸堤防のうえに祭壇が設けてあった（下段写真）。プランターに花が咲き、その前に小さな陶製の幼児人形が並んでいた。

線香を手向けながら、思った。……いつの日か、やがて、このような慰霊の祭壇を原発被災地のあちこちで見ることになるのだろうか……。あるいは、あくまでも隠蔽されつくされるのだろうか。

わたしとて、あの三月一一日以来、郡山のわが家

訪問を断念している娘と孫たちを持つ身である。

あきらめるわけにはいかない。マーガレット・ミードも「疑ってはいけない。思慮深く、献身的な市民たちのグループが世界を変えられるということを。かつて世界を変えたものは、実際それしかなかったのだから」というように。（二〇一二年八月一九日）

6　世界市民法廷（郡山）閉会の言葉

『福島から　あなたへ』著者
武藤類子（三春町在住）

郡山市の市街地に、ある日、大きな屋内遊技場ができました。

窓ガラス越しに眺めると、なかにはジャングルジムやブランコ、砂場などのたくさんの遊具が見えました。

車に乗って連れて来られた子どもたちは、建物のなかで元気に楽しげに遊んでいました。

でもそこには彼らの肌を輝かせる太陽の光も、汗を乾かしてくれるさわやかな風も、小鳥の鳴き声も、拾って遊ぶドングリや落ち葉もありません。

こんなSFのような世界が、ここ郡山には出現してしまったのです。

この「集団疎開裁判」は、子どもたちがあたりまえの子どもの暮らしを、自分たちの未来をうばわれたくないと、生存権を訴えた権利宣言なのです。

それを守っていくのが私たち大人の果たすべき責任です。

地球に生きるどんな生き物も、親や群れの大人たちは幼い子どもを守ろうとします。

しかしいま、この人間社会は、いわばあらゆる権利の外に置かれている子どもたちを守ろうとはしていないのです。

「法」とは何でしょうか。それは本来市民が、あらゆる脅威や権力に侵害されることなく、安全に、自由に生きることができるように決めてきたものではないのでしょうか。

裁判所には「法」の原点に立ち戻ってほしいと思います。命の側に立ってほしいと心から願います。

そして私たちは自らの手で生きる権利を守り、手と手を重ねてしっかりとつながりあって、この途方もない困難に立ち向かっていきましょう。

（二〇一二年三月一七日）

7　現代と未来の子どもたちを粗末にしない日本国を皆で一緒に造りましょう

育種・遺伝学者　生井兵治（土浦市在住）

自然界を征服できると盲信し、開けてはいけない「パンドラの箱」の核開発（原子核の人為操作＝原水爆と原発）は、経済至上主義の名主・アメリカで始まり、原発利益共同体が積極的に造りだした「原発の安全神話」が日本のみならず世界を席巻してきました。

由々しき原子核の人為操作が、ヒトを含むすべての生き物を包含する自然生態系や農林生態系の破壊者であることは、チェルノブイリ原発事故や福島原発事故を経験する前から明らかでした。一方、生き物の細胞核の人為操作である、後発組の遺伝子組換え技術（GM技術）もヒトを含むすべての生き物を蝕む可能性があり、生態系の破壊者です。こちらでは、慢性毒性試験は一切やらず簡単な試験だけで、遺伝子組換え生物が非組換え生物と比較して「実質的同等性」が認められれば安全という「遺伝子組換え生物の安全神話」が、推進者側によって喧伝されています。日本を含む世界の主要国政府が「遺伝子組換え生物の安全神話」を担いでいることは、原子核の人為操作である「原発の安全神話」とよく似ています。そもそも、ヒトの食べ物の安全性は、生物進化の過程で霊長類が生じてからだけでも6千万年の食の経験の歴史の賜物です。細胞核の人為操作である遺伝子組換え技術も、「パンドラの箱」です。

浮かれた企業もある近年の、「ナノの時代」と喧伝されて開発が進むナノサイズ（粒径が約500ナノメートル以下の粒子。1マイクロメートルが1千ナノメートル）製品のヒトを含む生き物へ影響は、アスベストなどの比ではありません。ナノテクノロジーも、「パンドラの箱」です。十分な安全性の確認が無いままに安全神話が独り歩きして、ナノサイズ製品の開発・実用化に猛進すれば、大変な事態になり得ます。ナノサイズの空中浮遊粒子を呼吸で肺に取り込めば、粒径100ナノメートル以下のナノ微粒子は、肺胞から血中に入ります。100ナノメートル以上2・5マイクロメートル以下のナノ粒子は、肺胞に沈着してじん肺の原因になります。飲食で消化管に取り込むナノ粒子は、消化・吸収されず排泄されますが、ナノ微粒子は血中に入ります。

断じて許せないのは第一審の却下判決です。原発が放出する人工放射能[3]の粒径は、10ナノメートル～20マイクロメートルが多いですが、自然放射能は0・2～0・6ナノメートルと極小です。アルファ線とベータ線の内部被ばくは、局所的な短い飛距離内の細胞の遺伝子（DNA）など細胞組織・器官を傷つけ、細胞を壊死させるか、がんなどを誘発する突然変異を起します。アルファ線を出すウランやプルトニウムがとくに危険です。1細胞でもがんになる突然変異が二度起れば、やがてがんになり得ます。呼吸や飲食で体内に入る放射能の挙動は、ナノ微粒子やナノ粒子と同様です。だから人工放射能を取り込めば各所で局所的な内部被ばくを長期間受け、胎児や二代目以降に種々の病気や遺伝障害などを誘発し得るし、アルファ線やベータ線を出すホットパーティクルを肺に取り込めば肺がんになり得ます。

疎開させないと内部被ばくを余儀なくされる子どもや若い女性がたくさん住む地域が広域にわたる現実は、人権無視も甚だしく、三権がこぞって解消させる義務があります。原発事故からすでに一年半になろうというのに、政府は、国会は、裁判所は、いったい何をしてきたのか。私たちは声を大にして、子どもたちの人権を強く要求し続けましょう。

（二〇一二年八月一五日）

8　新たな「東京裁判」を

柄谷行人

三・一一以後まもなく、私は「東京裁判」のことを考えた。もちろん、それは第二次大戦後の東京裁判ではなく、東京電力・経産省など原発に関係する

3　ここでいう放射能は、正確には放射性物質（放射性核種）のこと。原発などから放出される人工的な放射性物質は、特に放射性微粒子（ホットパーティクル）とも呼ばれる。厳密な意味の放射能は、放射性物質が放射線を出す能力のこと。内部被ばくとの関係では、人工放射性物質は自然放射性物質よりもずっと大粒であることに留意されたい。

当局を裁く法廷である。当局は最初から、この事故の実態と被害の実情を隠蔽した。それによって生じる被害は甚大なものになるから、必ずその罪が問われるだろう。さらに、当局のやり方は、福島の住民あるいは日本人全般を欺くだけではない。放射性物質を空中に飛散させ海中に廃棄するこの事故は、広く海外の人たちに被害を及ぼすものであり、日本だけではすまない問題である。ゆえに、これは国際的な裁判になるだろう、と私は考えたのである。

同時に、私はこう考えた。それはかつての東京裁判のようなものではあってはならない、と。東京裁判は戦勝国が敗戦国を裁くものであった。しかし、一つには、それは、日本人が自ら戦争指導者を裁くことができなかったからである。また、その結果として、戦勝国に服従して原発を推進するような勢力の存続を許してしまった。したがって、原発事故の責任を問う「東京裁判」は、市民自らが担うものでなければならない。それが「世界市民法廷」である。

（二〇一二年一月三〇日）

9 確信犯的な「ふくしま集団疎開裁判」の判決

高木学校 崎山比早子

文部科学省が線量限度の科学的根拠として依拠しているのは国際放射線防護委員会（ＩＣＲＰ）の報告である。ＩＣＲＰのモデルにしたがって１００ミリシーベルトの被ばくでがん死率が０・５％上昇するといっても、その根拠が正しいのかどうか、疑問のあるところだ。科学的にはＩＣＲＰの予測は過小評価であるという見解もあり、リスクはそれより多い可能性も否定できない。

現にドイツ、英国、フランス、スイスの原子力発電所周辺では5歳以下の小児白血病が増えていると報告されている。原発周辺の線量は年間1ミリシーベルトにも満たない。またスウェーデンにおける疫学調査によるとチェルノブイリ原発事故以来固形がんが土地の汚染度に比例して増加している。この汚染による被ばくは、高いところでも年間1ミリシーベルト以下である。

これらの報告からもわかるようにＩＣＲＰの予測モデルと矛盾する現実がある。その計算が間違えていたら政府は責任のとりようがないではないか。しかも放射線に感受性の高い子どもが対象なのだからなおさらである。

１００ミリシーベルトの被ばくで1千人に5人のがん死が上乗せされても疫学的に検出できないからとして、無視しようとするのがいまの政府、司法の論理なのだ。この政策を支えているいわゆる専門家も多い。検出不能だから我慢せよという。これは国をあげての倫理の崩壊である。

（二〇一二年一月一六日）

10　メッセージ

ノーム・チョムスキー

本裁判に個人的に支援できることは光栄です。

社会が道徳的に健全であるかどうかをはかる基準として、社会のもっとも弱い立場の人たちのことを社会がどう取り扱うかという基準に勝るものはなく、許し難い行為の犠牲者となっている子どもたち以上に傷つきやすい存在、大切な存在はありません。

日本にとって、そして世界中の私たち全員にとって、この法廷は失敗が許されないテスト（試練）なのです。

（二〇一二年一月一二日）

メッセージ

おしどりマコ

私は芸人ですが、原発事故後、取材を重ねて記事を書き続けています。去年の三月、原発事故から一週間も経たないうちに毎日舞台が始まって。子どもたちが「おしどりちゃん観にきた！」と客席からいってくれるけど、あの時期、東京は汚染されていて、気をつけてほしい、と思っていました。そして、すぐにそれを発信することを決意したときから、東京電力やその他の会見に通い始め、被災地の取材を始めたのです。

汚染地域は福島県内に限りませんが、その地域で選択肢が無いというのは問題。「除染して住む」しか予算がつかない。「移住したい」「ときどき保養しながら住みたい」「数年避難して、線量が下がってから（除染しなくても2年後に40％低減するといわれているので）戻りたい」「もう高齢なので、除染せず住みたい（庭の木や裏山を丸裸にしてまで住みたくない）」さまざまな希望がありますが、「除染して全員住む！」の選択しか実質無く、それ以外を選択すると「逃げた」「帰ってこなくていい」といわれたり、経済的、社会的に苦労してしまうのです。

さて、その現状。福島県郡山市内の公立の保育園では二〇一二年八月現在、一日の屋外活動制限が設けられており、0～2歳までは一日15分、3歳～6歳は1日30分しか屋外活動ができません。昨年度まで小中学生は1日3時間の屋外活動制限が設けられていましたが、今年度解除。解除の判断は「校庭の空間線量の平均値が下がったこと」。この平均値での判断もやめてほしい。平均よりずっと高い学校もありました。今年七月に放射線医学総合研究所（放医研）で行われた国際シンポジウムで、海外の科学者が「被ばくの評価は平均値を出すな、個々の数値を出せ」としきりにいっていました。ICRP（国際放射線防護委員会）でも「原発事故後の被ばくの管理は〝平均的個人〟で判断することは適切でない」とはっきり書いています。なので、平均値での判断や、一律の「除染して全員住め！」という政策は適切なのでしょうか？

福島県いわき市で母親集会を取材したときのこと。いわき市では現在の線量は低いのですが、原発爆発直後、高濃度の放射性プルーム（放射能雲）が何度も通過したのです。何人もの方がこうおっしゃってました。

「あのころ、水を貰いに、ガソリンを買いに、子どもと外でずっと並んでいた。なんてことをしてしまったんだろう。でも私たちは分からなかった。だけど、子どもたちだけでも、強制的に疎開をしてくれたら良かったのに！」

いまが本当に安全なのかどうか、わかりません。でも、未来のために、子どもたちを守らないといけないことはわかっています。

（二〇一二年九月九日）

2台並ぶモニタリングポスト

弁護団　柳原敏夫

福島県の小中学校や公園約500ヵ所で奇妙な光景が目に入る。放射線量を測定するモニタリングポスト（線量計）が二台並ぶ光景だ（写真右上）。今年二月、疎開裁判の原告が通う小学校の一つを、神戸大学の山内知也教授に測定してもらった際（23頁の写真）、2台並ぶモニタリングポストの一方は0・49、他方は0・29マイクロシーベルト、と4割も低かった。

実は高い値を出した線量計を設置した業者（アルファ通信）は、二〇一一年一一月、文科省から設置工事の契約を解除された。「誤差が最大40％あり、精度が低い」という理由である。だが、業者に言わせると、業者が線量計に使用した計数管がアメリカ製で国際標準だったことが文科省の気に入らず、文科省は「（40％低い値が出る）日本標準に変更せよ」との要求一点張りで、それを受け入れなかったため、契約を打ち切られたという。納得のいかない業者は、設置した線量計を撤去しなかった。その結果、後に設置された日立系の業者の日本標準の線量計と2台並ぶこととなった。「なぜ4割も低いのか？」福島の人たちが不信を募らせるのは当然だ。しかし、文科省の返答は落第ポストのスイッチを切ることだった。まもなく、このモニタリングポストの疑惑を告発する『市民と科学者の内部被曝問題研究会』[4]の会見が開かれる。

三・一一以後、福島は新たに壮大な「安全・安心」神話作りのただ中にある。その神話の最大の犠牲者が子どもたちであることはこのエピソードが雄弁に物語る。

おわりに

疎開裁判の現状をサッカーの試合でいうと、本年八月二日、郡山市から再反論の書面が第二審の仙台高裁に提出された時点で延長戦の後半が終了、ロスタイムに入りました。このあとの展開を私たちは固唾を飲んで見守っていました。

1　提訴以来、最大の転換を迎えた疎開裁判

ところが、裁判は全く思ってもみない展開となりました。八月三日、仙台高裁から原告弁護団に対し、「審尋期日[1]を設ける」という連絡が入りました。その結果、一〇月一日、原告側と被告側の双方が裁判官の面前で、1時間の予定で意見や主張を述べ合うことになったのです。

本件のような仮処分事件では、第二審は書面審理だけで裁判所の判断がなされることが普通です。ところが、予想に反して、仙台高裁は「審尋期日を設ける」と連絡をしてきたのです。これは何を意味するか。もし仙台高裁が、第一審の福島地裁郡山支部と同様の形式的な理屈で原告らの申立てを退けようと思っているなら、わざわざ審尋期日を設ける必要はありません。余計な手間を減らすのが今日の司法の方針だからです。審尋期日を設けたのには訳があります――仙台高裁は、原告らの訴えに耳を傾けて、本件の争点である低線量被ばくの危険性について、真剣に取り組もうと考えている可能性です。それはとりもなおさず、低線量被ばくの危険性を認めず避難を認めなかった第一審の判断（決定）を見直す可能性です。届いたのは「審尋期日を設ける」だけの紙切れ一枚ですが、そこには裁判所の一大決意が込められています。

1　民事裁判の審理の方式の一つで、通常の判決を下す裁判では公開の法廷で、当事者双方に言い分を与える口頭弁論という方式で行なわれるが、仮処分事件のように決定を下す裁判では、非公開で、無方式で個別に言い分を与える方式で行なわれる。これを審尋という。審尋が開かれる日のことを審尋期日という。

2　裁判所の勇気を支えるものは何か

疎開裁判は新たな展開を始めました。審尋期日を設けることを決断した裁判所の背中を押したのは、一方で、第一審の判決後に、低線量被ばくの危険性についてさらに、山内知也神戸大学大学院教、矢ヶ﨑克琉球大学名誉教授、松崎道幸医師らの各意見書をはじめとする用意周到な証拠資料の提出があったこと、他方で、この裁判を知り、関心を持ち、ふくしまの子どもたちを見殺しにする第一審の判決に怒りを抱いた多くの市民の皆さんがいたことです。

もっとも、皆さんのなかには、私たちは科学の専門家でも法律の専門家でもない、ただの一般市民だ、そんな者にどうして裁判所の背中を押すことができるのか？　と不思議がる方がおられるかもしれません。

本来、裁判というのは「事実」を基礎として、最後の結論は「倫理（何を大切にするのかという価値判断）」によって出すものです。疎開裁判の結論を最終的に決めるのは「子どもたち以上に傷つきやすい存在、大切な存在、無条件に守られるべき存在はない」という倫理です。倫理はどのようにして存在するものなのか。魯迅はこういいました。「もともと地上には、道はない。歩く人が多くなれば、それが道になるのだ」。倫理が実現されるかどうかは、ひとえに多くの皆さんがこれを支持する＝人の道として認めるかどうかにかかっているのです。この意味で、皆さん一人ひとりの態度が疎開裁判の結論を決めるのです。

いま、原告弁護団は、審尋期日の場を裁判官に真実と正義を理解してもらう絶好の機会と考えて、その中身の検討を始めました。ぜひ、一人でも多くの皆さんが、「いま危険にさらされているふくしまの子どもたちを守れ！」という倫理の声をあげて、倫理的判断の面から裁判官に働きかけ、疎開裁判最大の転換点である、きたる審尋期日の歯車を、皆さんと一緒にガラガラと回して、ふくしまの子どもたちの命の輝きを取り戻そうではありませんか。

そのために、一人でも多くの皆さんが4で述べる三つのアクションを起こして、疎開裁判の支持を表明していただきたいと切に願うものです。

3　疎開裁判の勝訴判決が意味するもの——14人の命がふくしまの子どもたちの命を救う

原告の14人は決して自分たちだけの避難を考えて提訴した訳ではありません。自分たちと同じように放射能の危険な環境で教育を受けているすべての子どもたちが避難できることを願っていました。但し、いまの裁判制度でいきなりそれを実現することは不可能でした。そこで、まず、郡山市の14人の小中学生がいわば先駆けとなって、救済を求める裁判を起こしました。もしこの訴えが認められたら、次に、14人の小中学生と同様の危険な環境に置かれているすべての子どもたちの救済を、「子どもたちを安全な場所で教育せよ」という勝訴判決を根拠にして、市民による対行政交渉を通じて実現するという構想でした。その意味で、この14人は被ばくにより命と健康の危険にさらされているすべての子どもたちを事実上代表して、訴訟に出たのです。そして、14人の命を救う裁判所の判断が出れば、それが彼らと同様の危険な環境に置かれたすべてのふくしまの子どもたちの命を救うことになるのです。

4　世界のサイレントマジョリティの声を裁判所に届けるために、いま、何をなすべきか

原告の子どもたちを救済する判決が下され、彼らの命が救われることが、彼らと同様の危険な環境に置

かれたすべてのふくしまの子どもたちの命を救うことになります。そして、原告の子どもたちを救済する判決を支えるのは日本と全世界のサイレントマジョリティ＝無数の市民の声です。

先ごろ、第二審の仙台高裁は仮処分事件としては異例の「裁判を開くこと」を決定し、いま一審判決を見直す可能性が出てきました。ここで必要なことは、疎開裁判始まって以来最大の転機を前にして、裁判を開くことを決定した仙台高裁の勇気を支え、その姿勢を最後まで貫き通せるように裁判所の背中を押すことです。そのために、いま、サイレントマジョリティが疎開裁判を支持していることを公に示す必要があります。それが、当面、次の三つのアクションです。ぜひ、ご参加をお願いいたします。

①今年二月からスタートしたふくしま疎開裁判のブログ[2]上で行う世界市民法廷への評決（次の頁の判決フォーム参照。まだ評決をしていない方がたくさんおられます。）

②今年七月二二日からスタートした毎週金曜日17時からの文科省前と官邸前抗議行動への参加。

③仙台高裁と野田総理宛てに、子どもたちの「集団疎開の決定」と「集団疎開の即時実現」を求める署名のお願い（ネット上から署名できます）。

最後に、このブックレットは、入稿から完成までわずか2ヵ月ほどで緊急出版できました。ひとえに本の泉社比留川洋社長と坂本真理恵さんの格別のご便宜によるものです。表紙を飾る素敵な挿絵は、漫画家ちばてつやさんのご厚意によります。文章を寄せていただいた多くの皆さんのご協力に厚く感謝します。

ふくしま集団疎開裁判の会

二〇一二年九月九日

2　http://fukusima-sokai.blogspot.jp/

世界市民法廷判決フォーム

本日はご視聴誠に有難うございます。
ぜひ以下のアンケートにお答えいただき、送信下さい。
宜しくお願い申し上げます。なお、このアンケート結果は、
「ふくしま集団疎開裁判」のブログに掲載させていただく場合がございます。
予めご了承ください。
*必須

本日はどちらからご視聴されましたか？ *

- 福島県内・福島県から避難中
- 福島県外
- 海外

ご自身の性別は？

- 男性
- 女性

年代は？

10代

「世界法廷」に参加して、あなたならどのような判決をくだされますか？ *
いずれか選択ください。

原告勝訴(申立容認)

あなたが上記のような判決を下す理由はなんですか？ *
判決を出すに至る考え方をお書き下さい。

送信

連絡先

ふくしま集団疎開裁判の会　代表／井上利男
電話● 024-954-7478
子どもたちを放射能から守る福島ネットワーク　国、県への対応部会
世話人／駒崎ゆき子
携帯電話● 090-2608-7894
メール● sokai @ song-deborah.com

公式サイト
ブログ● http://fukusima-sokai.blogspot.jp/
ツイッター● https://twitter.com/Fsokai
facebook ● http://www.facebook.com/#!/groups/359798887429487/
ネット署名● http://fukushima-syomei.blogspot.jp/
陪審員の評決● http://fukusima-sokai.blogspot.jp/2012/03/blog-post.html

マイブックレット　No.22
いま　子《こ》どもがあぶない
福島原発事故《ふくしまげんぱつじこ》から子《こ》どもを守《まも》る「集団《しゅうだん》疎《そ》開裁判《かいさいばん》」

2012年11月15日　第2刷

編　者●ふくしま集団疎開裁判《しゅうだんそかいさいばん》の会《かい》
発行者●比留川 洋
発行所●株式会社 本の泉社
〒112-0033　東京都文京区本郷2-25-6
TEL. 03-5800-8494　　http://www.honnoizumi.co.jp
印　刷●亜細亜印刷株式会社
製　本●株式会社 村上製本所

定価は表紙に表示してあります。落丁・乱丁本はお取り替えいたします。

ISBN978-4-7807-0907-0 C0336